U0927984

嘉言善行

李嘉诚成功心经

鸿儒文轩◎编著

图书在版编目（CIP）数据

嘉言善行：李嘉诚成功心经 / 鸿儒文轩编著．—北京：中国书籍出版社，2016.3
ISBN 978-7-5068-5445-0

Ⅰ．①嘉… Ⅱ．①鸿… Ⅲ．①李嘉诚—人生哲学—通俗读物 Ⅳ．① B821-49

中国版本图书馆 CIP 数据核字（2016）第 042159 号

嘉言善行：李嘉诚成功心经

鸿儒文轩　编著

图书策划　牛　超　崔付建
责任编辑　杨铠瑞
责任印制　孙马飞　马　芝
出版发行　中国书籍出版社
地　　址　北京市丰台区三路居路 97 号（邮编：100073）
电　　话　（010）52257143（总编室）（010）52257140（发行部）
电子邮箱　eo@chinabp.com.cn
经　　销　全国新华书店
印　　刷　三河市华东印刷有限公司
开　　本　710 毫米 ×1000 毫米　1/16
字　　数　303 千字
印　　张　16.5
版　　次　2016 年 5 月第 1 版　　2021 年 1 月第 2 次印刷
书　　号　ISBN 978-7-5068-5445-0
定　　价　32.00 元

目录

第一话　人生没有苦难，只有经历

第二话　诚如试金石，信是金钥匙

第三话 唯宽可以容人，唯厚可以载物

第四话 挡不住今天的诱惑，将失去明天的幸福

第五话 成就加上谦虚才会更杰出

第六话 像奥运赛跑一样，只要快 1/10 秒就会赢

第七话 学习本无底，前进莫彷徨

第八话 身处逆境，命运掌握在自己手上

第九话　知足者常乐，感恩者常成

第十话　商道心经，攻守兼备

第一话

人生没有苦难，只有经历

苦难的生活，是我人生的最好锻炼，尤其是做推销员，使我学会了不少东西，明白了不少事理，所有这些，是我今天十亿百亿也买不到的。

有理想在的地方，就是天堂

1. 觉得自己做得到和做不到，其实只在一念之间。自己要先看得起自己，别人才会看得起你。一切伟大的行动和思想，都有一个微不足道的开始。有理想在的地方，地狱就是天堂；有希望在的地方，痛苦也成欢乐。乐观者在困难中看到机会；悲观者在机会中看到苦难。理想的路总为有信心的人预备着。

2. 我相信有理想的人富有傲骨和诚信，而愚昧的人往往被傲慢和假象所蒙蔽。

3. 强者的有为，关键在我们能否凭仗自己的意志，坚持我们正确的理想和原则；凭仗我们的毅力，实践信念、责任和义务，运用我们的知识，创造丰盛精神和富足的家园；我们能否将自己生命的智慧和力量，融入我们的文化，使它在瞬息万变的世界中能历久弥新；我们能否贡献于我们深爱的民族，为她缔造更大的快乐、福祉、繁荣和非凡的未来。

4. 一根稻草，扔在街上，就是垃圾；与白菜捆在一起就是白菜价格；与大闸蟹绑在一起就是大闸蟹的价格。我们与谁捆绑在一起，这很重要！与有梦想的人在一起会被激发梦想，与优秀的人为伍！与勤奋的人在一起学不到懒惰，与阳光的人在一起学不到抱怨！一个人在不一样的平台也会体现不同的价值！

善行天下

理想如晨星，我们永不能触到，但我们可像航海者一样，借星光的位置而航行。

任何一种理想的实现都不是轻而易举的，它必然会遇到各种各样的坎坷波折、艰难险阻。理想越是高远，它的实现过程就越复杂和漫长。

在李嘉诚的童年时光，他的父亲李云经喜欢带着儿子去看海。他认为，海的浩渺、海的雄壮，能够使孩子的心胸博大，能够使生命充满激情。一次，李云经领着小嘉诚到了汕头的海边，边看边指向港口来往如梭的巨轮，并不时地给李嘉诚讲着生活的道理。年幼的李嘉诚一边懂非懂地用耳朵聆听父亲讲述，一边用他那大大乌黑明亮的眼睛，好奇地看着夕阳下波光粼粼的大海，看着海面上行驶的万吨巨轮。他简直弄不懂这深深的水，怎么可能稳稳地浮着这么大的船，他太佩服驾驶它的船长了。他认为能让这么一条大铁船稳稳地浮在海面上的人，一定是个大英雄。于是他向着大海，向着那艘万吨巨轮喊道：“爸爸，将来我也要做大船的船长！”

父亲李云经疼爱地抚摸着他的头发，高兴地说：“好孩子，有志气！

阿诚，做一个船长不容易，他必须考虑很多问题。”然后，父亲又极其认真地告诉李嘉诚，“你看，现在天气很好，是难得的晴天。但是，出海后，风暴来了怎么办呢？做船长的，就要提前想到，就要未雨绸缪。而且，阿诚，要记住，做任何事情就像做大船的船长一样，既要预先做好准备，又要随时准备应付突然来临的一切事情。”

巨轮的形象，船长的风险意识紧紧地伴随着李嘉诚奋斗的一生。他把自己那在商海中沉浮发展的李氏王国比作一条船。所以，他很自豪地宣布：“我就是船长，我就是这条行进在波峰浪谷中的船的船长。”

李嘉诚在实现自己理想的成功道路上，一直不忘“在稳健中寻求发展，发展中不忘稳健”。这短短15个字，不但是李嘉诚在几十年的商海打拼中总结出来的，而且这句话也道出了在大海中航行的长江实业能够平稳实现的箴言心经。李嘉诚在看不见硝烟却战火熊熊的商场上，给自己定下的座右铭。从20世纪40年代替人端茶倒水的小杂工，到锋芒初露的五金厂推销员；从50年代独树一帜的小厂长到香港乃至世界上最大的塑胶花大王，再到80年代戴上“超人李”的桂冠，最后，一跃成为香港首富和全球超级富豪，李嘉诚始终不敢忘记这15个字。

在生活、工作中，往往有许多人对失败的结论下得太早，当遇到一点点挫折时就对自己的工作规划、人生理想产生怀疑，甚至半途而废。唯有经得起风雨及种种考验的人才是最后的胜利者，因此，如果不到最后关头就决不言放弃，永远相信：成功者不放弃，放弃者不成功!

有一位穷困潦倒的年轻人，身上全部的钱加起来也不够买一件像样的西服。但他仍全心全意地坚持着自己心中的梦想，他想做演员，当电影明星。

当时，好莱坞共有500家电影公司，他根据自己仔细划定的路线与排列好的名单顺序，带着为自己量身定做的剧本前去一一拜访。但第一遍拜访下来，所有的500家电影公司没有一家愿意聘用他。面对无情的拒绝，他没有灰心，从最后一家被拒绝的电影公司出来之后不久，他就又从第一家开始了他的第二轮拜访与自我推荐。第二轮拜访也以失败而告终。第三轮的拜访结果仍与第二轮相同。但这位年轻人没有放弃，不久后又咬牙开始了他的第四轮拜访。当拜访第 350 家电影公司时，这里的老板竟破天荒地答应让他留下剧本先看一看。他欣喜若狂。几天后，他获得通知，请他前去详细商谈。就在这次商谈中，这家公司决定投资开拍这部电影，并请他担任自己所写剧本中的男主角。

不久这部电影问世了，名叫《洛奇》，而这个年轻人就是美国动作巨星史泰龙。

试想史泰龙在前三轮拜访后，甚至于第四轮拜访到第 349 家电影公司时，便放弃了他的电影梦，那将是多么遗憾。其实，成功者与失败者并没有多大的区别，只不过是失败者走了九十九步，而成功者走了一百步。失败者跌下去的次数比成功者多一次，成功者站起来的次数比失败者多一次。当你走了一千步时，也有可能遭到失败，但成功却往往躲在拐角后面，除非你拐了弯，否则你永远不可能成功。

人们对实现理想所需要时间的估计往往偏少，然而事实上理想的实现常常比事先所预料的时间要长，特别是比较高远的理想，当人们热切期待着它的到来时，它却总是姗姗来迟。理想实现的长期性是对人们的耐心和信心的考验，对此必须做好充分的思想准备。

曾经有人说："能够登上金字塔顶端的只有两种动物，一种是雄鹰，一种是蜗牛。"雄鹰拥有矫健的翅膀，所以能够飞到金字塔的顶端；而蜗牛由于坚持，也能够从底端一点一点爬上去。我们大部分人都不是雄鹰，但我们每一个人都可以拥有蜗牛的精神，它很慢，但它为了达到某一个目的而不抛弃、不放弃。理想之路蜿蜒曲折，前进路上充满了艰难险阻，但终点并不是不可及的，只要像蜗牛一样，为了那闪光的金字塔一步步迈进，不停止、不言败、不退缩，终有一天你会达到理想的巅峰。

小岗位蕴藏大世情

1. 要想取得成功，首先要懂得做人的道理，因为世情才是大学问。世界上每个人都精明，要令人家信服并喜欢和你交往，那才是最重要的。

2. 以往我是百分之九十九教孩子做人的道理，现在有时会谈论生意，约三分之一谈生意，三分之二教他们做人的道理。因为世情才是大学问，我年纪小的时候，已知道应认识哪些人和长幼之序，如何教导“给予”，教导“蚀底”才是大学问。

3. “分段治事”是洞悉事物的条理，按部就班地进行。

古语云：世事洞明皆学问，人情练达即文章。在中国传统文化中，为人处世、待人接物是一门大学问，这里面蕴含了深刻的道理。先贤讲待人要恭敬、谦虚、有礼，要有仁爱之心，这些都是教我们为人处世的道理。世事人情才是人这一生最应该学习的东西，世事洞明了，人情练达了，学问研究的深度与广度也自然有所长进，至于著书立说也就并非难事了。

圣贤告诉我们，做人应该秉承“仁义礼智信，温良恭俭让”的高尚品德，这些我们在传统文化的典籍中都可以看到、学到。但是学了就要去做，要身体力行才能让这些智慧真正在我们身上起作用。

李嘉诚将自己从圣贤书中学来的智慧运用到人生中，在辛勤的劳动与探索中成长感悟，最终就达到世事洞明、人情练达的境界了。当他还是一个十四岁的少年时，就已经有意识地主动体察世事人情了。

年幼的李嘉诚工作生涯是从茶楼当伙计开始的，尽管这个工作看起来是那么的微不足道，但李嘉诚体会过找工作的艰辛之后，分外珍惜这一段难得的经历。茶楼是个社会的缩影，三教九流，各行各业的人都有。同时，茶馆作为当时传播社会信息的场所，李嘉诚也从茶客的谈话中暗自学到了许多做生意的诀窍。

初入职场的李嘉诚对于茶楼里的人和事，有一股特别的新鲜感。茶楼的工作是异常艰辛的，一天的工作时间往往达到 15 个小时以上。这也就意味着店伙计每天必须在凌晨 5 时左右赶到茶楼，为客人们准备好茶水、茶点。当时李嘉诚是地位最卑下的堂仔，大伙计休息时，他还要待在茶楼侍候。晚上是茶客最多的时候，茶楼打烊时，已是夜半人寂了。后来，李嘉诚回忆起这段日子，说他是“披星戴月上班去，万家灯火回家来”。这对于一

个才十四五岁的少年来说，其中的艰辛与困苦是一般人难以体会的。

在日常工作中，李嘉诚喜欢听茶客谈古论今，在他们的闲聊中得到各种消息。他也从这里了解到当时社会和外面世界的许多事情。这些事情大部分都是在家中、课堂上根本了解不到的。因为这其中的许多说法都与其先父和老师灌输的观念与知识大相径庭。在李嘉诚面前，这个真实的世界展现出了错综复杂、异彩纷呈的一面。从此，李嘉诚的思维愈加活跃，而不再像以往那样单纯得如一张白纸。所幸的是，父亲的遗训始终是那么刻骨铭心，无法忘怀，他在缤纷复杂的世界中并没有迷失自己的方向。

慢慢地，李嘉诚发现茶楼的客人各具特色，又各有喜好。在他们的言谈举止间，有些人显得风雅淳正，有些人则是粗俗鄙陋，还有些人却缄默无言。基于此，他在做好自己手头工作的同时，也开始暗暗观察分析起每位客人来。根据每位茶客的特征，第一步要揣测他们的籍贯、年龄、职位、偏好等信息，之后找机会去一一验证。第二步要根据之前自己得到的信息去揣摩顾客的消费心理，判断出茶客偏爱喝的茶，喜欢点的茶点。

刚开始并不像想象中的那样顺利，因为他摸不准客人的脉。但他并没有因此而放弃，相反，李嘉诚则是继续观察，不断归纳经验，后来对于茶客的情况，他也可以猜得与实际相差无几。最终，李嘉诚对于那些常来茶馆光临的茶客的消费偏好都了如指掌，什么时候该为那些客人提供相应的服务，李嘉诚的心中都跟明镜一样，一清二楚。对于一些陌生人来到店里，李嘉诚也能把他的身份、地位、喜好和性情等相关信息猜出来。

更难得的是，由于李嘉诚投顾客之所好，热情真诚地对待顾客，顾客在品茶论道之余觉得自己特别受尊重，在满意之余，自然更加愿意常来光顾。而李嘉诚本人也很自然地获得老板的青睐。于是，李嘉诚更加有意地训练起了察言观色、见机行事的本事，他不仅很快成了一个十分出色的堂倌，而且也在观察中迅速了解了各种人情世故。

李嘉诚曾坦言：“以往我是百分之九十九教孩子做人的道理，现在有时会与他们谈生意……但约三分之一谈生意，三分之二还是教他们做人的道理。因为世情才是大学问。”李嘉诚的这个认知与他在茶馆当伙计的经历是分不开的。人情世事等这些做人真谛确实是我们最应该学习的。

初涉职场的莘莘学子往往踌躇满志，满腔抱负，但真正来到职场生活中，他们可能会忽视对世情、人情的把握与掌控。初入职场的同学们在人际交往上通常比那些缺少文化却拥有丰富的社会知识、懂得世态人情的实践者差得多，在与同事打交道的过程中多处于劣势地位，所以他们多数会碰壁。细节往往决定成败，职场中一定要懂得观察，善于学习，仿效别人，注重细节。因为在同等的条件下，领导通常会留意那些懂得察言观色、把握分寸、注重细节的人。

一个女大学生进入一家五星级宾馆当秘书。在她进入办公室的第一天，就听见老板在嘀咕另外一个秘书又给他的咖啡里加多了糖，老板声音很轻，也没有责备的口吻，只好将就着喝了。第二周，轮到她值班，细心的她就懂得加糖的分寸。由于她能善于观察，做事注意每一个小细节，这些都令领导大为感动，很快的，她就得到了晋升。

做好人，做一个大家喜欢的人，首先要能放下架子，从一些小事做起。典型的，刚来到一家单位，不管你级别再低，一般也总会有一些老员工和你一个级别，甚至可能年纪比你大不少。记得不要因为是和你一个级别的就不去帮人家做一些复印、送文件、倒水之类的事，做这点事不会耽误你太多时间，却能让人觉得你是个很随和的人，下次在你需要帮助的时候，他们不帮你都不好意思。特别是当你还是新人时，要是能得到老员工的指点，你可能会少走很多弯路。花点小心思，和老同志搞好关系，对你总是百利而无一害的。

工作是一个逐渐熟悉的过程，如果初入职场的你能做到勤快而又有眼里有活，你肯定会受到上司的青睐，和同事也会很快成为好朋友。其实有眼色只需要你动用一点小智慧、小辛劳，工作搞好了，你的心态、你的生活就都会好起来，一切也都步入正轨了。

要像李嘉诚先生一样善于察言观色，上级或同事的一个手势、一个皱

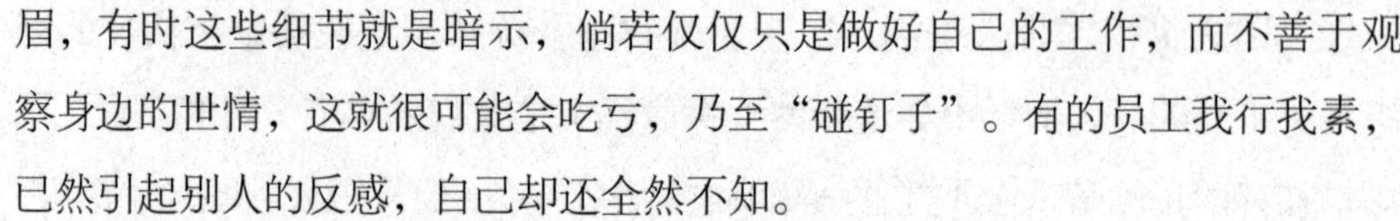

眉，有时这些细节就是暗示，倘若仅仅只是做好自己的工作，而不善于观察身边的世情，这就很可能会吃亏，乃至“碰钉子”。有的员工我行我素，已然引起别人的反感，自己却还全然不知。

当然，察言观色也并不完全是指时时处处都得看别人的脸色、眼色行事，而是应该要做到善解人意。

为人处事是一门大学问，一门最重要、最实用的学问。人生经验的积累，不是从书本中就可以学到的，而要在平凡的岗位、平凡的工作中不断践行才能有所收获。要自己用心去观察，用心去思考，做工作和生活的有心人，不断从经历和失败中去总结，才能得到提高。

职业没有高低贵贱

1.每一个人各有不同的独特天赋、经验，并按自己的选择踏上命途，虽然没有人应附人骥尾，盲目模仿他人，但从他人经验悟出心得，也是不错的成长教材。

2.如果一切有机会从头再来，我的命运会有何不同？人生充满着很多“如果！”转捩点比比皆是，往往也不由我们控制。如果战争没有摧毁我的童年，如果父亲没有在我童年时去世，如果我有机会继续升学，我的一生将如何改写？我对医学知识如此热忱，我会不会成为一个医生？我对推理与新发现充满兴趣，我会不会成为一个科学家？这一切永远没有答案，因为命运没有给我另类的选择，我成为今日的我。

3. 职业不分贵贱，要学会尊重不同职业、不同地位的人。

4. 今天，作为商人要懂得比较历史，观察现在和梦想未来。从商的人，应更积极、更努力、更自律，建立公平公正、有道德感、自重和守法精神的社会，才可以为稳定、自由的原则赋予真正的意义。虽然没有人要求我们，我们自己要愿意发挥我们的智慧和勇气，为自己、企业和社会创造财富和机会，大家可以各适其适。

善行天下

遇显赫富贵者不谄媚，逢势微贫穷者不骄慢，行事端正，待人厚道，必定会得道者多助，终生获益。庄子说：“势为天子，未必贵也；穷为匹夫，未必贱也；贵贱之分，在行之美恶。”说的就是这个道理。佛说“众生平等”，我们每个人都具有跟佛陀同等的智慧，所以人与佛陀在本质上是没有差别的。那么职业作为人谋生的一种手段，只是人生活的一小部分，我们又怎么可以单单因为职业就将人粗鲁地分为三六九等呢？

世界著名企业希尔顿酒店集团的创始人康拉德·希尔顿说：“世界上没有卑微的职业，只有卑微的人。”李嘉诚也并不是一生下来就是华人首富，他人生的第一份工作是泡茶扫地的小学徒。我们在电视里都看过这样的形象：唯唯诺诺，小心谨慎，生怕一个不小心就得罪了那些高官权贵，在心理上也将自己看得很卑微，认为自己不过是一个服侍人的佣人，可悲至极。但李嘉诚不这么认为，他幼年在自己的小书房里读过很多英雄人物的故事，他们都不是天生的英雄，后天的努力拼搏才是他们成功的决定性条件，所以李嘉诚相信只要他勤奋努力、不怕吃苦就一定能成就一番大事业。古往今来，大凡有志之士，无不在幼年时就怀抱远大的志向。所以说“成事在天，谋事在人”，我们自己的努力程度才是成功的关键。

李嘉诚把每一份职业都当成一个学习的机会，无论是小学徒还是推销员的工作他都没有轻视过，都努力去做到最好。并且他勤于思考，善于发现问题，所以人生的这些经历都被他转变成了有效的经验，他就比别人少走了很多弯路。这些都是靠他自己总结出来的，没有人帮他。

在李嘉诚的企业中，所有的员工他都一视同仁，因为他觉得所有人都是来帮助他的。如果没有员工的帮助，就算他有三头六臂也无法一个人完成那么多的工作。另外，他认为每一个员工都对公司作出了贡献，是员工养活了公司，如果没有那么多员工的辛勤工作，也不会有他李嘉诚的今天。所以他一直带着感恩的心来看待每一个员工，他在企业里的个人形象非常好，原因就在于他认为每一份工作都没有贵贱之分。

平等，是我们现代人经常挂在嘴边的一个词。所谓平等，不是指物质上的“相等”或“平均”，而是精神、人格上的平等。我们每个人都应该得到同等的尊重，都应该主动去维护他人的尊严。在企业里也是一样，让员工的人格尊严得到应有的尊重，是管理者应该具备的基本能力。我们强调员工的归属感，首先就要尊重每一个员工，在这个世界上，不为五斗米折腰的人，在哪里都有，所以千万不能伤害别人的尊严。

我们每个人，无论从事什么职业，想要得到别人的认可，前提是必须胜任自己的工作，这是我们赢得他人尊重的唯一途径，没有别的捷径。努力去想怎样才能把工作做到最好，不断完善自己，你肯定会得到别人的尊重。任何一份正当和合法的工作都是高贵的。每一个诚实的劳动者和创造者都值得世人赞誉，因此最关键的问题是你如何摆正对工作的态度。那种只求高薪，而不知道自己工作责任的人，不但对老板来讲没有任何价值，对他自己来说也是一样的。

的确，有这样一些工作它们看上去不是很高雅，工作环境也很差劲，社会上似乎也不太关注它，但是你千万别因此而轻视这样一份工作，你要用这样的尺度去衡量它：只要它是有用的，就值得你去做。在年轻人眼中，当上公务员、银行职员或是大公司白领才算是一份好的工作，为此很多年

轻人甚至花上漫长的时间去等待，为的就是找到这样一个职位。实际上，在同样的时间里，他完全可以找到一份对他来说很现实的工作，并在工作中提升自己的能力，发现自己的价值。

其实，一个认为职业有贵贱之分的人，大都是对自己信心不够，因为他在一些人面前深感自卑，所以就想在另一些人面前把自己丢失的自尊重新捡回来。当然，他是不可能如愿的，因为他只是在作茧自缚、庸人自扰。他根本就不懂什么叫作尊严，尊严不是别人给的，而是你自己造就的，你的一言一行中表现出来的素质和品德会很清楚地告诉世人，这是地位和财富所不能遮掩的。

职业没有高低贵贱之分，每个人都要热爱崇敬它，并力争做到全力以赴，不断追求新的目标，这不仅是一种职业能力，更是一种内心境界。人生天地之间，若白驹过隙，“饱食终日，无所用心”只能碌碌一世。职业不分高低贵贱，人们应该平等看待，相信“行行出状元”，不管是身处哪一种职业，只要是用心去做，就一定会取得不错的成绩，得到人们的尊重。

困难中孕育的是机会

1.只要克服困难就是赢得机会。一点点的态度，但却能造成大大的改变。

2.机遇有了，最要紧的就是你要充实，多了解外面的情况，无论政治、经济、最新的行情，你都要尽量知道。这样，机遇来的时候才有能力去抓住他。

3.一个真正做大事、有远见的人，会看世界的潮流，估计自己未来发展的方向。事在人为，不能有志无才。你可以夸口说你的志向是摘下天上的月亮，但你知道怎么摘下吗？所以我说事在人为，靠自己，靠意念，还要有最新的知识及经验积累才能达到。

4.在逆境的时候，你要问自己是否有足够的条件。当我自己处在逆境的时候，我认为我够！因为我勤奋、节俭、有毅力，我肯求知及肯建立一个信誉。

5. 做生意要冷静，打高尔夫也一样，第一杆即使打得不好，如果可以保持冷静，有计划，并不表示你会输。这和做人做生意一样，有高低潮，身处逆境时，你就要考虑如何来应付。

善行天下

对于大多数人来说，困难往往并不可怕。因为，当一个人受尽困难折磨时，他的潜能才会被激发出来，而且，他才能越挫越勇，逼得自己去突破现状……人活着就是为了解决困难。这才是生命的意义，也是生命的内容。逃避或者拒绝不是办法，知难而上往往是解决问题的最好手段。

人生之路不会是一帆风顺的，我们会遇上顺境，也会遇上逆境。其实，在所有成功路上折磨你的，背后都隐藏着激励你奋发向上的动机。古语有“变则通，通则达”的说法，面对困难，学会细心观察，用心观察生活的某个镜头，慢慢地你就会发现世界上的事情总是在变，而能够利用这种变化为自己创造机会、创造成功的人，才会拥有闪亮的人生。换一种思维方式，发挥我们所有的潜能去改变世界，也许成功就在拐角处。

17 岁的李嘉诚曾在塑胶厂做推销员，推销员的工作看似微不足道，实际上要真正掌握并非易事。真正的推销艺术，是任何书本里都学不到的，主要在于推销的本身，只能在推销中去把握和领悟。年轻的李嘉诚虽在困苦的环境中挣钱养家糊口，但李嘉诚对待工作，从来都不是把它仅仅当作一项任务去完成，而是多实践并领悟，这已经超越了赚钱本身的意义，他站的高度也比其他同事更高一筹。当初李嘉诚所在的五金厂生产的是日用五金，比如镀锌铁桶这一项，最理想的客户，是日杂货的店铺。大家都看好的销售对象，竞争自然激烈。李嘉诚却绕开代销的线路，向用户直销，大大降低了销售成本。李嘉诚来到中下层居民区，专找老太太卖桶。他很清楚这点，只要卖动了一只，就等于卖出了一批，因为老太太不上班闲居在家，喜欢串门唠叨，自然而然成了李嘉诚的义务推销员。李嘉诚经过深入思索，学到了许多推销的门道。这为他在将来各种场合都能做到谈吐优雅，思路敏捷，奠定了基础。

在最开始工作的时候，每个人所从事的工作也许并不是你所感兴趣的行业，或许是根本无法发挥你自身潜能的一个行业。这就需要你不断地去寻找能发挥自己最大能力的行业，寻求能提供自己最大发展机遇的行业。怎么样去寻找机遇呢？这就是一个人的眼光问题了。要有远大的眼光，能总览全局的眼光。

正如美国考皮尔公司前总裁比伦所说，失败也是一种机会。若是你在一年中不曾有过失败的记载，你就未曾勇于尝试各种应该把握的机会。人生是需要积极态度的，在失败的时候，积极的人总是从失败中汲取养分不断成长，消极的人总是不断地怨天尤人使自己的生活过得更糟；不断失败的人，往往是他们勇于不停尝试，不停努力，没有失败的人，往往是得过且过，做一天和尚撞一天钟。不断地尝试，不断地从失败中汲取养分，是成功的必经之路。知名英语教育机构创始人俞敏洪回忆当年创办新东方的初衷，总结道：之所以选择进入民办英语培训领域，是因为自己作为一个曾经接受过补习的学生，所以了解学生渴望帮助的迫切心理；因为自己是一个外语老师，所以有机会接触到外语培训的领域，从而了解外语培训领域的新动向。在自己的专业领域找到市场的需求，并不断思考改进的方式，每一步都在困难中寻找新的希望，机遇就始终掌握在自己手中。

困难的时期是一定可以度过的，大多成功企业家往往会从最基础、最简单的小职位开始。他们的成功秘诀，就是对工作抱着极大的热忱，极细致的工作态度，完成每一件事情，并循序渐进，走好对于人生有巨大意义的每一步，每一个环节。

困难中孕育机遇，从困难中抓住机遇。李嘉诚没有一味地陷入只求温饱的工作中，而是在工作中寻找机会，运用机遇。在我们的人生旅途中，机遇无处不在。但机遇又是稍纵即逝的，你不可能在做好所有的准备后再去把握。这就要求我们有一种试错精神。即使最后证明自己错了，也不会后悔。因为你把握了机遇，而且至少知道了你先前把握机遇的方式是行不通的。

当机遇来临的时候，如果我们犹豫，我们彷徨，只会让机会擦肩而过。不断地尝试，并且在失败中积累我们的才能，提高我们的素养和技能，弥补我们的不足，在下一次机遇来临的时候，我们会有更多的机会把握它了。人们常说的失败是成功之母，失败是一笔财富，涵义也大致在此。失败中蕴含着丰富的机遇，它将是我们新的起点。一个人在工作和生活中会遇到各种障碍、困难，遭遇很多失败、痛苦。在挫折面前，有的人会出现暴怒、恐慌、悲哀、沮丧、退缩等情绪，影响了学习和工作，损害了身心健康。而有的人却笑对挫折，对环境的变化做出灵敏的反应，善于把不利条件化为有利条件，摆脱失败，走向成功。

常存忧患之心

1.没有一样事情会无止境地好，同样道理，没有一个行业会一直好下去。

2.身处瞬息万变的社会，应该求创新，加强能力，居安思危。

3.我凡事必有充分的准备然后才去做。一向以来，做生意处理事情都是如此。例如天文台说天气很好，但我常常问我自己，如5分钟后宣布有台风，我会怎样，在香港做生意，亦要保持这种心理准备。

善行天下

自古以来，一代代的圣贤大德都在谆谆告诫我们要有忧患意识。忧患意识的实质就是要未雨绸缪、防患于未然。孟子曰“生于忧患，死于安乐”，意思是说，忧患有利于人的生存和发展，贪图安逸享乐则会使人萎靡死亡。与此类似的还有“忧劳可以兴国，逸豫可以亡身”“祸兮福之所倚，福兮祸之所伏”等等。世界是处在不断变化和发展中的，任何事情都不是一成不变的。做企业也是一个道理，今天这个行业发展形势好，大家都一个劲地往上凑，说不定哪天这个行业就被淘汰了，这是一个不争的事实。

世界上没有什么是亘古不变、一劳永逸的，变化和危机是时刻会发生的。所以在危机到来之前，我们一定要做好迎接它的准备，做到有备无患，才能在危机中保全自己。一个行业的发展也是有一定的生命周期的，从开始萌芽到最后退出市场，整个过程中一直都存在着变数，所以一定要做好应对的准备。李嘉诚的事业是从生产塑胶花开始的，那时正是塑胶花市场形势大好的时期，李嘉诚在那段时间里迅速积累了一定的资产。但是，几十年后，塑胶花市场已发生了巨大的变化，辉煌不再。如果李嘉诚没有忧患意识，看不到塑胶花的发展趋势，没有为自己的事业做好下一步打算，也就没有今日的李嘉诚商业王国了。所以，企业家一定要有忧患意识，无论今天你的事业发展态势是如何的如日中天，也要想到世间一切事物都是有生就有灭，从萌发到衰退是一个必然的过程，随时做好应对的准备。

2008 年影响全世界的金融危机就是由于人们没有忧患意识，一味乐观导致的。2006 年初，美国房价发展到顶峰时期，几乎每个美国人的心里都存在着这样一个概念，认为房价会永无止境地上涨，至少不可能出现大幅度的下跌。可是 2006 年底，美国房市泡沫开始破裂，房价暴跌，房主欲哭无泪，投资者更是血本无归。按照美国政府的统计，大约有 800 万家庭沦为“房奴”，许多人因为无钱还贷而陷入房屋被没收的困境。购房置业的美梦，也成了许多美国人的噩梦。其实对于任何一个行业来说，总有繁荣和衰退的时候，想当然地认为价格只涨不跌或永远繁荣，违背市场的必然规律，都是不可能的。所以，企业家一定要有忧患意识，眼光要看得长远一些，这才是做事业最需要的。

李嘉诚危机意识非常强烈，一旦他感觉风险来临的时候，便会当机立断，消除危机。李嘉诚也进行地产投资，在 1997 年，李嘉诚还是看好香港房地产的。2013 年的下半年，李嘉诚频频出售资产，逐渐从内地房地产业悄然撤退，因为他看到了中国内地和香港商业地产的巨大泡沫。当今，中国内地和香港房地产泡沫相当严重，蕴藏的风险非常之大。包括商业地产在内价格都在离谱高位。这个泡沫随时都有可能被刺破、幻灭。在此时出手的这种经营策略既保证了高盈利水准又保证了经营安全，可谓再明智不过了。

李嘉诚说，身处瞬息万变的社会，应该求创新，加强能力，居安思危。无论你发展得多好，时刻都要做好准备。就像伊索寓言里的那则故事：有一只野猪对着树干磨它的獠牙，一只狐狸见了，问它为什么不躺下来休息享乐，而且现在没看到猎人。野猪回答说：等到猎人和猎狗出现时再磨牙就来不及啦。其实，危机离我们并不遥远，天天都有危机感并时刻准备着，才能在危机到来之前安全撤离。

有危机并不可怕，没有危机意识才是最可怕的。无论当前你的事业发展得有多好，都要存一份忧患之心，时常想一想如果形势发生变化我该怎么办？我有能力让自己全身而退吗？经常思考这些问题就会让自己随时警惕着，不断地努力拼搏。很多时候，危机的根源都是在很久以前就埋下了，并不是一朝一夕的结果。当你意识到危机已经出现，再防范时就已经非常被动了。就像那只在慢慢升温的水里煮着的青蛙，等它明确感觉到水温烫得受不了而再做挣扎时，已经失去了从热水里跳出去的能力，它的反抗是起不了任何作用的。也许我们会长时间地处于一个相对安定的环境当中，很难感觉到危机的存在，但这并不代表危机就不存在，它只是暂时隐藏得比较深。

对于一个企业来说，危机不仅来自行业自身的发展趋势，还来源于同行业之间的激烈竞争。因为一种产品的市场生命周期无论你如何延长，它终归是有一定的限度，不可能是永无止境的。“书到用时方恨少”，平常若不充实学问，临时抱佛脚是来不及的。也有人抱怨没有机会，然而当升迁机会来临时，再叹自己平时没有积蓄足够的学识与能力，以致不能胜任，也只好后悔莫及。

月有阴晴圆缺，人有旦夕祸福。一个有理想肯拼搏的企业家一定要长存忧患之心，宜未雨而绸缪，毋临渴而掘井，凡事早做准备，在困难和危机面前持有主动权，就能有条不紊、顺利过关。

方法总比困难多

1.不为失败找借口，只为成功找方法。

2.当你提出困难时，请你提出解决方法，然后告诉我哪个解决方法最好。

3.只有聪明睿智的人洞悉到今天不是昨天，知道要承担无可逆转的改变，尽管今天没有破译的方法，他们也不会凝固于痛苦与自我折磨之中，不会天天斤斤计较眼前的得失，不会天天计算眼前的利弊，因他们知道每日积极正面地面对、思考及冲破问题，是构成丰盛人生的重要环节，及为人生累积最有价值的财富。即使处境可能不会因自己的主观努力或意志转移，但他们早已战胜生活的苦涩，为转危为安做好一切准备。

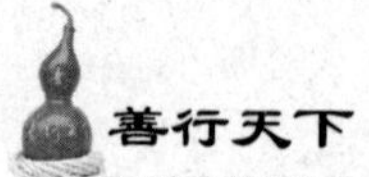

善行天下

"真的是没办法！""一点办法也没有！"这样的话，你是否熟悉？是否你的身边，经常有这样的声音？当你向别人提出某种要求时，得到这样的回答，你的感受会如何——一定是很失望。你是否也会这样回答？当你这样回答时，你是否能够同样体验别人对你的失望？一句"没办法"，我们似乎为自己找到了不做的理由。但也只是一句"没办法"，浇灭了很多创造之花，阻碍了我们前进的步伐！是真的没办法还是我们根本没有好好动脑筋想办法？

李嘉诚十四岁就出去谋生，扛起一家的重担。从一个茶楼的小伙计奋斗到一个小塑料厂的老板，但没想到的是，不久就因资金周转紧张而面临破产的困境。朋友们纷纷劝他把厂子卖掉算了，还债后再去做工也比现在强多了。在危机面前，李嘉诚曾一度想到过自杀，但是他的坚强不妥协的性格不允许自己就这样失败。李嘉诚丝毫没有退缩，在冷静下来后，寻找并归纳出自己失败的原因——操之过急。问题出在生产与销售环节上。他积极从问题入手，想出了解决办法。采取收缩生产，把得力的工人派出去搞推销。为了摆脱危机，身为厂主的他自己也亲自背着产品跑遍了香港，拜访了上百个代理商。功夫不负有心人，凭着优质的产品，他很快就得到了几个代理商的支持，并获得了一笔定金，最终渡过了难关，摆脱了困局。

在通往成功的路上，挫折和失败都是必须要经历的。面对失败时的两种选择，决定了你未来的结局：一种是为了成功去总结失败的教训并找出成功的方法；另一种是为自己的失败找寻一大堆的借口与理由。而不同的选择会导致不同的结果。因为成功找方法的人会不断改进自己的认知，寻找并改正自己的不足，一步又一步接近最终的成功，而为失败找借口的人依然会在同一个问题上失败。而那些成功的人，往往都是最重视探寻方法的人。

法国数学家、哲学家彭加勒曾经说过："出人意料的灵感，只是经过了一些日子，通过有意识的努力后才产生。没有它们，机器不会升动，也不会产生出任何东西来。"德国哲学家黑格尔也曾嘲笑那些以为可以不经艰苦思索就能获得灵感的人："诗人马特尔坐在地窖里面对着六千瓶香槟酒，可就是产生不出诗的灵感来。最大的天才尽管朝朝暮暮躺在青草地上让微风吹来，眼望着天空……温柔的灵感也始终不会光顾他。"

有一次，李嘉诚去写字楼推销一种塑料洒水器，不料这种产品却不受商家喜爱。整个上午过去了，一台都没有卖出去，如果下午依然是毫无进展，那将无法向老板交代。推销是一件颇为艰难的工作，李嘉诚没有气馁，还是不停地给自己打气，寻找客户。当他精神抖擞地走进了另一栋办公楼。他注意楼道上的灰尘很多，突然灵机一动，这一次，李嘉诚没有直接去推销产品，而是要用实力说话，证明自己的产品。他去了洗手间，往洒水器里装了一些水，将水洒在楼道里。经他这样一洒，原来脏兮兮的楼道一下子变得干净了许多。这样一来，他的产品立即引起了办公楼有关人员的兴趣。就这样，一下午他卖掉了十多台洒水器。

只要你处处留心，注意找方法，那么你会发现，处处都是成功的良机。在做推销员的整个过程中，李嘉诚十分重视分析问题和总结方法。这样一来，获得的收益自然要比别人多。

成功者重视找方法，而失败者总是习惯找借口，好像所有的失败都与他们无关，都是外在条件和客观环境造成的结果。然而，找借口是解决不了实际问题的，只有不断找方法才可以渡过难关。

所以，当我们在面对困难的时候，一定要记得这句话：只为成功找方法，不为失败找借口。用这句话来警示自己，世界上就没有解决不了的困难，积极去想方法，问题就一定会有解决的那一天。

爱迪生在发明电灯时，遇到过无数困难，但没有放弃自己追求的目标，

他坚信总有办法解决这些困难，所以他一再坚持实验，不断改正错误，经过了一千多次的逾越难关，终于发明了电灯。王永庆在早期售米所得营业额一直上不去，但他不气馁，他坚信总有办法。他主动为客户送米，并细心记下每位客户家的人口状况，留意送的米大概在多少天后会吃完，然后再去送。上帝每制造一个困难，就会同时制造3个解决它的方法来。所以，世上只要有困难，就会有解决的方法。而且“方法总比困难多”，有时候我们只不过暂时没有找到合适的方法而已。

开动你的脑筋想办法吧，别让你的智慧法宝生锈！会思考才有未来，只要你善于思考，勇于突破，敢想敢做，你就能在关键时刻迎来机遇。多多思考，方法肯定就多了，困难也变得容易多了。如果人们一味地停留在经验狭隘的认识之上，不懂得进行创造性思维，那么，许多工作上的难题就没法解决了。

对于优秀者来说，没有什么困难是不可克服的，他们需要找的只是通往成功的方法。相反，失败的人之所以失败，是因为他们总是找出种种借口来搪塞自己，麻醉自己。平庸的人之所以沦为平庸，是因为他们总是搬出种种理由来欺骗自己。而成功的人，面对困难，他一定会“想尽一切办法”，排除万难，直到成功的那一刻。

有信念的人经得起任何风暴

1.人生有没有既定命运，我不知道，但每一天我们在那“零”和“非零”间选择时，我们其实正在不断选择自己一生的命运。没有人可以为你打造未来，只有你才知道怎样去掌握。人生之路在于不断探索，而不是乞灵于迷信。

2.从哲学的角度上讲，事情都是发展的。人的志向是从儿时的幻想演变到对以后成长中的实际情况的想法，也是一个纵向发展的过程，这其实涉及两个环境：其一，是自己的理想所造就的；其二，是现实生活所给你的。这两个环境是你无法抗拒的。它们相互斗争的过程，也是磨炼意志的过程。就拿我自己来说，童年的时候，父亲教育我要学习礼仪和遵守诺言。而我呢，也受到父亲的熏陶，自小就很喜欢念书，而且很有上进心。那时候，我就暗暗地发誓，要像父亲一样做一名桃李满天下的博学多知的教师。但是由

于环境的改变，贫困生活迫使我孕育出一股更为强烈的斗志，就是要赚钱。可以说，我拼命工作的原动力就是随着环境的变迁而来的。

善行天下

希金森说："有必胜信念的人才能成为战场上的胜利者。"法国有一句名言则说："放弃信念，无异死亡。"

成功者往往抱着积极的信念，全身心投入到所深信的事业中去，全神贯注，激情四溢，坚定不移。而失败者往往一开始就为自己建立了消极的信念，在事情还没有开始之前就怀疑自己的能力，消极地接受现实，而不是主动地去创造条件、改变现实。就像一个长跑运动员，还在起跑线上的时候，他就萎靡不振，心生放弃，无异于主动把金牌拱手让人。

所以要想实现理想，就必须先建立坚定的积极的信念！

信念时时刻刻在影响着人的行为和命运，在决定着人的成功、健康和幸福。信念让人顶天立地，如果你想成功，就必须拥有一个你必须成功的信念，让它指引你走向人生的巅峰！当你拥有坚定的信念，就无疑给自己潜意识下了一道不容置疑的命令，有什么样的信念，就决定你有什么样的力量。一切的决定、思考、感受、行动都受控于某种力量，它就是我们的信念。

人的天性里有一种倾向：自己有什么样的信念，个人就真的会成为什么样子。这句话的意思也就是说，如果你是一个有信念的人，你有信心克服困难，有信心处理问题，有获得成功的信念，那么，你身上的一切能力都会为你的信念去努力，你也就有可能成为你希望成为的那样。但是，如果你没有信念，你认为自己没有能力去做这一切，那么，你的一切能力也就会随之而沉寂。

成功的人和失败的人之间，有一个很大的区别：成功的人在事业尚未成功之时，心中便已经树立了一个成功的信念。这种信念推动、激励着他，便培养了他的积极性，增强了他必胜的信心，由此产生原动力，使他为了成功而加倍努力，到最终他成功的概率要比没有这种信念的人高许多。

李嘉诚的父亲李云经是一名教师，从教的父亲从小就教育李嘉诚做人要真、要善、要有骨气、有毅力。他不仅仅教给儿子知识，更教给他许多做人的道理。对于这些，李嘉诚从小就铭刻于心，终身不曾忘却。深受父亲的影响，李嘉诚也一心向学。由于深受父亲的教诲，李嘉诚从小就立下大志：勤勉苦读，出人头地，报国为民。李云经是一个很有学问的知识分子，尽管他很疼很爱自己的儿子，但他知道，过分的溺爱只会害了孩子。他把自己心中的慈爱，转化成另外的形式表现出来。如果不是风云突变，家业凋零，李嘉诚肯定会沿着求学路一直走下去。同时，也极有可能继承父业，在家乡做一名教师。李嘉诚的理想是投身教育并立志做一名教育家，但由于父亲早逝，家境陷入贫困，为了全家人的生活，他不得不踏上了从商之路。

李嘉诚后来回忆说，从商之初，他的理想依然是“赚一大笔钱，然后再去搞教育”。几十年以后，举世闻名的汕头大学在李嘉诚先生的扶持和关爱下建立。没有李嘉诚，就没有汕头大学。对于汕头大学，他曾经说：“没有任何一个生意比汕头大学更占用我的时间，最初10年我每次到汕大都工作直至凌晨两三点。”

任何一位成功的人，在自己创业过程中不管遇到多大的困难，在困难面前，他都会毫不畏惧，因为他坚信：我一定能够成功。这种自然流露出来的自信心，也正是源于其深藏心底的成功信念。为此，他不断向前，不断开拓，不断创新，不断追求成功，以成功为发展目标，成功的信念也激发了他的自信心。李嘉诚在创业初期也曾到处碰壁，处境艰难，但他无论遇到再大的困难，他的成功信念都是决不会打消的。艰难险阻、不良环境只会增强他的信心，而不会令他裹足不前。

《哈利·波特》风靡全球，它的作者和编剧J.K.罗琳成了英国最富有的女人，她所拥有的财富甚至比英国女王的还要多。她也曾有一段穷困落魄的历史，而支撑她走向成功的恰恰是她对文学的信念。

罗琳从小就热爱英国文学，热爱写作和讲故事，而且她从来没有放弃过。大学时，她主修法语。毕业后，她只身前往葡萄牙发展，随即和当地的一位记者坠入情网，并结婚。无奈的是，这段婚姻来得快去得也快。婚后，丈夫的本来面目暴露无遗，他殴打她，并不顾她的哀求将她赶出家门。不久，罗琳便带着3个月大的女儿杰西卡回到了英国，栖身于爱丁堡一间没有暖气的小公寓里。丈夫离她而去，工作没有了，居无定所，身无分文，再加上嗷嗷待哺的女儿，罗琳一下子变得穷困潦倒。她不得不靠救济金生活，经常是女儿吃饱了，她还饿着肚子。

但是，家庭和事业的失败并没有打消罗琳写作的积极性，用她自己的话说："或许是为了完成多年的梦想，或许是为了排遣心中的不快，也或许是为了每晚能把自己编的故事讲给女儿听。"她成天不停地写呀写，有时为了省钱省电，她甚至待在咖啡馆里写上一天。

就这样，在女儿的哭叫声中，她的第一本《哈利·波特》诞生了，并创造了出版界奇迹，她的作品被翻译成35种语言在115个国家和地区发行，引起了全世界的轰动。

罗琳从来没有远离过自己的信念，并用她的智慧与执着赢回了巨大的财富。即使她的生活艰难，她也坚信有一天，她必定会达到事业的顶峰。

信念是脊梁，支撑着不倒的灵魂。有必胜信念的人才能成为人生与事业战场上的胜利者。所以越王勾践卧薪尝胆终于战胜了吴王，所以贝多芬在双耳失聪后仍然创作出名曲《第九交响曲》，所以诺贝尔经过无数次失败后终于发明了火药。

美国成功学奠基人奥利森·马登说："你的体内有着伟大的力量，如果你能发现和利用这些力量，你就会明白，你所有的梦想和憧憬都会变成现实。"这种力量就是信念。

第二话

诚如试金石，信是金钥匙

讲信用，够朋友。这么多年来，差不多到今天为止，任何一个国家的人，任何一个省份的中国人，跟我做伙伴的，合作之后都成为好朋友，从来没有一件事闹过不开心，这一点是我引以为荣的事。

人无信则不立

1. 以诚待人是我生活中坚定不移的原则。虽然以诚待人在我一生中有时也有伤害到自己的时候，在金钱或者感情上受到伤害的情况也会有，不过我还是相信“诚揽天下客”之原则。古语尚有一句“无信不立”，相信你们多年来和我共事，都深知我对“信”这个字的重视。

2. 轻言诺，重信行。不只是商人，一个国家亦是无信不立。信誉是不可用金钱估量的。诚信是生存和发展的法宝，是我的第二生命，有时候比第一生命还要重要。以信誉来说，要破坏它，只需要很短的时间，但要建立自己的信用，就要花很长的时间。一生之中，最重要的就是诚实守信。我以为世间的事情都逃不出一个“理”字。终我一生，我还是要努力遵守“重信行”三个字。

3. 我生平最高兴的，就是我答应帮助人家去做的事，自己不仅是完成了，而且比他们要求的做得更好，当完成这些信诺时，那种兴奋的感觉是难以形容的。

为人诚信的声誉是一个人最宝贵的财富之一。有了这种声誉，你就会感受到他人对你的信任。当你发表意见时，人人都洗耳恭听并深信不疑。

孔子说：“人而无信，不知其可也。”意思是，人如果不讲信誉那怎么可以呢？说明孔子对“信”的重视。在《论语》中，“信”有两层含义：一是受人信任，二是对人有信用。人生活在群体中，与人相处，得到别人的信任十分重要。孔子认为，在社会生活中，“信”是一个人立身之本，如果没有诚信，也就失去了做人的基本条件。他把“信”列为对学生进行教育的“四大科目”（言、行、忠、信）和“五大规范”（恭、宽、信、敏、惠）之一，强调要“言而有信”，认为只有“信”，才能得到他人“信任”。孔子说：“自古皆有死，民无信不立。”可见，在孔子看来，得到百姓的信任比什么都重要。治国如此，其他事何尝不是如此。如果得不到别人的信任，什么事都办不成，无论大事小事都是如此。

生意往来更要讲诚信，谎话、瞎话只会让你失去朋友和工作。诚信是做人之本，更是立业之本，托马斯·斯坦利在《百万富翁的智慧》一书中介绍，在对美国若干名富翁调查后的结果表明，其成功的秘诀在于诚实，有自我约束力，善于与人相处，勤奋和有贤内助。可见，诚实被摆在了第一位！诚实的重要性不言而喻。

联邦快递公司之所以得到全世界大多数客户的认可，其中最重要的关键是遵守“隔天早上十点三十分送到顾客手中”的服务保证，甚至是十点三十一分送达，都会判定是不准时。有一次，在载运货物的飞机已经起飞后，

服务人员才发现还遗留了一个小包裹没有被装上飞机，正当其他的经理人想采取以赔钱的方式解决时，唯有史密斯先生认为即使花上数千美元也在所不惜，坚持雇用私人飞机将这个小包裹运送到顾客手中，并向顾客说明，表达诚挚的歉意。

从这个事例中，我们见证到联邦快递公司为追求卓越服务的理念，时刻信守准时送达的承诺，这正是让联邦快递公司得以将这项独特的核心专长扩大运用到其他领域的秘诀。其他领域甚至还包括运送医院的血浆或准备移植的器官等特殊业务。在“诚实守信”的良好信誉下，联邦快递公司很快发展为全球最大的包裹运输公司。

紧握诚信，嘉诚辉煌。如今李嘉诚的生意是越做越火，钱赚的是越来越多。我想起了他曾经说过的一句话，从中我们可以得到他成功的秘诀。他说过，你必须以诚待人，别人才能以诚相报。这可以说就是他从一个名不见经传的人，一跃成为赫赫有名人物的妙招。他把握了诚信，他把握了市场，自然就收获了与他合作的人的信任与支持，可见，一个企业的辉煌一定要有英明带头人的操守，李嘉诚之所以如此辉煌，就是因为他把握了诚信，以诚待人！

李嘉诚讲信誉在香港商界早已传为美谈。他曾说：“这么多年来，差不多到今天为止，任何一个国家的人，任何一个省份的中国人，跟我做伙伴的，合作之后都成了好朋友，从来没有因为一件事情闹过不开心，这一点是我引以为荣的。”以诚待人，以诚待客，坦诚相见是李嘉诚的立业之本诚信为本。李嘉诚认为管理者首先要学会自我管理。管理好自己是事业成功的关键。基于此观点，他一是将诚信看得比生命还重，例如李嘉诚生产的塑胶制品出现品质问题后，坦诚地认错，向原料商，客户，银行道歉，并严把质量关，最终使自己渡过难关。

在职场生活中，我们时常会遇到这样的情况：上班打卡时，卡到了人没到；考勤第一的人，绩效却是最低的；海外的学历背景是杜撰出来的；上司给员工加薪或升职的承诺始终没有兑现；员工屡屡失职等这些缺失诚信的行为，不仅会使自己的声誉受损，还容易引起他人的不满，破坏公司规则。

高岚是公司市场部助理，因为工作出色，经常受到上司的表扬。月末，她在统计销售数量时，发现销售数据与往常反差极大，于是她马上与业务员联络，要求业务员重新统计数据。经业务员核查，销售数据确实出现疏漏，移了一个小数点，也就是说，实际销售数量比上报来的数据多了一个位数，这样从客户那里收回来的账款就会少很多。高岚核实情况后，把数据重新整理，交给了上司，上司庆幸发现及时，没有给公司造成重大损失。他高兴地对高岚说："干得不错！这个月的工资单已报上去了，下个月我多发一笔奖金给你，算是对你工作认真做出的奖赏！"高岚心里高兴，工作起来更加细致了。

很快到了下个月末，高岚等着上司给自己发奖金，但是等她拿到工资条时却发现根本没有那笔奖金的踪影，她便去查工资卡，结果与工资单上的数据一样。高岚不高兴，但又不好意思去找上司问，只好认了。后来，上司又提过几次加薪，结果也没有落实。渐渐地，高岚也不指望上司主动给自己加工资了，她直接找到上司要求加薪，上司不好意思地说他忘了这件事了，这个月就给你加进来。高岚只好等，可是左等右等，她的工资还是那么多。高岚觉得在这个公司干着没前途、没意思，所以在找到另一份工作后，递交了辞呈。上司这才后悔自己当初不守承诺，致使一个优秀的人才流失了。

其他同事知道高岚的事后，都不太敢相信上司给的承诺，工作起来也不积极，这个部门的工作受到了很大影响。高岚因为屡次遭遇上司"放鸽子"，最终对上司彻底失去了信任。这对她的上司来说，是一个不小的损失。他首先损失的是一位优秀的人才，直接损失自己的威信，接着损失的是自己的业绩，而业绩决定着他在公司的命运。另外，他的不守信，也引起了其他下属的不满，导致公司应有的工作效率减缓下来。

根据调查，职场中有66.9%的人被上司"忽悠"过。四成的人表示，上司所承诺的奖金、加薪就是一张画好的"大饼"，离兑现的日子遥遥无期。这让员工很失望，对工作没有热情。

作为一个企业的工作人员，如果立志树立起“诚信为本”“童叟无欺”的形象，企业就有机会不断发展壮大。一些知名企业之所以能兴旺发达，走出国门，面向世界，这其中的成功虽然原因很多，但“以诚信为本”是一个决定性的因素；相反，如果为了片面追求利益最大化，时常弄虚作假、以次充好、不讲信用，尽管这可能会得利一时，但最终必将身败名裂、自食其果。每年“3·15”晚会上都会曝光出一些企业，曾以失去“诚实守信”而导致“信誉扫地”，在经济上、形象上蒙受了重大损失。晚会所曝出的企业，只有“痛定思痛”，常常要以更大的代价，重新铸造自己“诚实守信”的形象，这个沉痛教训，是值得认真吸取的。

信誉的重量

1. 一个企业的开始意味着一个良好信誉的开始，有了信誉，自然就会有财路，这是必须具备的商业道德。就像做人一样，忠诚、有义气，自己说的每一句话、做出的每一个承诺，一定要牢牢记在心里，并且一定做到。

2. 直到今天，凡是与我合作过的人，个个都很愉快。

3. 人要去求生意就比较难。生意跑来找你，你就容易做。那如何才能让生意来找你？那就要靠朋友。如何结交朋友？那就要善待他人，充分考虑到对方的利益。

4. 我深刻感受到，资金是企业的血液，是企业生命的源泉；信誉、诚实也是生命，有时比自己的生命还重要！

5. 经商如同做人，诚信当头，则无危而不克了。

6. 一个人一旦失信于人一次，别人下次再也不愿意和他交往或发生贸易往来了。别人宁愿去找信用可靠的人，也不愿意再找他，因为他的不守信用可能会生出许多麻烦来。

诚信者，天下之结也。诚信是为人之道，是立身处事之本，是人与人之间相互信任的基础。讲信誉、守信用是我们对自身的一种约束和要求，以诚待人、真诚做事是我们每个人都应该树立的做人原则。诚信是你与他人打交道的一块敲门砖，这块敲门砖比任何溢美之词都管用。坚持说真话，办实事，会给人带来意想不到的回报，这份回报往往能在危急的时刻让你化险为夷、转危为安。

信誉如千金，一个信誉良好的企业家，在他陷入困境的时候，信誉会帮助他渡过难关。比如说，一个材料加工企业遭遇流动资金不足的境况，无力购进原材料展开生产和企业运作。但是这个企业在以往的合作中与原材料供应商形成了良好的合作伙伴关系，建立了良好的信誉，原材料供应商就有可能先给他供货，让他的企业重新开始运营。这样的事情在我们的生活中也是屡见不鲜的。

一个企业有了信誉，自然就会有财路。就像做人一样，忠诚、有义气，自己说的每一句话、做出的每一个承诺，一定要牢牢记在心里，并且一定做到。出身贫寒的李嘉诚在创业初期，资金极为有限。一次，一个外商希望大量订货，但是需要有资金雄厚的厂商替李嘉诚做担保，才会把业务交给他做。

李嘉诚努力跑了好几天，仍一无所获。他并没有捏造事实，或是含糊其辞，而是一切据实相告。那位外商被他的诚实深深感动，对他十分信赖，说：“从阁下言谈之中可以看出，你是一位诚实的君子。不用其他厂商作保了，我们现在就签约吧。”虽然这是个好机会，但李嘉诚感动之余还是说：“先生，蒙你如此信任，我不胜荣幸。但我还是不能和你签约，因为我的资金真的有限。”外商听了，更加佩服他的为人，不但与李嘉诚签订了合约，还预付了货款。这笔生意使李嘉诚赚了一笔可观的钱，为以后的发展奠定了基础。由此，李嘉诚也悟出了“坦诚第一，以诚待人”的原则，并因此获得了巨大的成功。

在李嘉诚的眼中，信誉是有分量的，信誉就是资本。这并不是一句空话，而是实实在在的可以转换为企业运作的资本——资金。一个企业的运营需要大量的流动资金，银行贷款是一种能让企业快速求得大量资金的有效方法，而银行贷款的获得则要以良好的信誉记录为基础。在浙江省温州市贷款千万仅需签个名的故事被大家广为流传，这些企业老板的签名含金量极高，秘密就在于这些老板个人和企业长期累积起来的信誉度，在银行系统中有良好的记录。所以我们一定要看重“诚信”这两个字并身体力行，长此以往相信你也会收到诚信带给你的丰厚回报。

诚信即信用，是一种无形的资产，正如李嘉诚所说，它在资产负债表中是看不到的。因为它是无形的，所以在现代商品经济社会被很多人忽视了，人们只顾着追逐眼前的利益，只想着如何能在最短的时间内获得最大的利润，往往不注重企业长期的发展。诚信会给你带来丰厚的回报，反之，失信就会带来巨大的灾难。

近年来，eBay 被誉为是世界上最大的交易社区，在网络商务领域有着其独特的销售经营“秘籍”，在短短的五年时间内，eBay 的销售额就突破了 5 亿美元的销售大关，并且每年以 5 亿美元的速度实现快速增长。反观 eBay 网上交易社区的成功之道，可以发现：这个网站要求每一个买家用户都要对其所交易的卖家用户进行信誉评分，如果有超过 2% 的买家对卖家评

价是不满意，那么就会影响到卖家未来的销量；如果有超过 5% 的买家对卖家不满意，那么这家店就不太能再接到客户的订单了。所以，eBay 上每一个卖家都倍加珍惜自己的信誉度，并不断维护自己的“形象”。为了自家店获得更好的信誉，卖家都会不遗余力地提供良好的服务，使得客户获得愉快购物体验，以期得到客户好评。这项制度也使得顾客在 eBay 上体验到的服务态度甚至比一些实体店还要满意。

由此可见，在如今的商战竞争中，唯有讲诚信，重信誉者方能处于不败之地。做事诚实守信，重视信誉的价值，确为处事之本。纵览在商海浮沉中久久屹立不倒者，他们都以诚信而成就一番事业。可以说，没有诚信，没有信誉，就不能通向成功之门，良好的信誉是成功道路上的铺路石，也是人生道路上不可或缺的基石。没有这块基石，人生道路总有一天会崩塌。

信用资产是不可复制的独特的资产，这是别的企业偷不走、抢不去的成果，所以更显得难能可贵。良好的信誉建立很难，维护也不可放松，不可仗着已有的信用基础做影响信誉的事，否则后果是不堪设想的。因此，信用资产是一种最独特的资产，也是一种最脆弱的资产，只有用心呵护，它才能发挥最大的作用。

“信誉是不可用金钱估量的，是生存和发展的法宝。”一生凭借一个“诚”字走天下的李嘉诚，没有辜负父母对他的期望。为人处世，行走商海江湖，他都把这个字奉为自己经商、做人的准则。一个“诚”字，助他踏进成功者的行列，使他打开了机会之门，收获幸福，品味人生。

诚信是最美好的品格

1. 坚守诺言，建立良好的信誉，一个人良好的信誉，是走向成功的不可缺少的前提条件。

2. 富兰克林是一个很积极的人，通过科研来满足他对自然的好奇。做好事、做好人是驱动富兰克林终生进取的核心思想，他极希望自己做的每一件事，均有益于社会，或有用于社会，身体力行为后人谋取幸福。他功成名就后不忘帮助年轻人找到自己增值的方法，在他“给一个年轻商人的忠告”文章内他很实际地谈到，将时间和诚信作为钱能生钱可量化的投资，在《财富之路》一文内，富兰克林清楚简单地说明，勤奋、小心、俭朴、稳健是致富之核心态度。勤奋为他带来财富，俭朴让他保存产业。

3. 一个有信用的人，比起一个没有信用、懒散、乱花钱、不求上进的人，必有更多机会。

有学者研究当代东南亚华商企业的成功轨迹发现，重信誉是华商企业的一个重要特点。华商在互相信任的基础上，一个电话就可以成交，甚至可以不用订单，有时连一个纸条都不用。信誉好，可以做生意，小本可以做大生意，甚至无本也可以做生意。重信誉，讲诚信，增加了华商的利润，提高了他们的资本效率，加速了他们资本积累的速度。

诚信，实际上成了一种资产，一种保障。诺贝尔经济学奖获得者肯尼斯·阿罗曾说："没有任何东西比信任更具有重大的实用价值，信任是社会系统的重要润滑剂。它非常有效，它为人们省去了许多麻烦，因为大家都无须去猜测他人话的可信度。不幸的是，这不是一件可以轻易买到的商品。"我们每个人都知道诚实守信的益处，口头上也都愿意做一个诚信的人。

生活里才华出众的人并不少见，甚至时常会有天才出现。但是，才华和智慧就是让人信赖的资本么？如果不把诚信当作珍贵的资本，而是把说谎和欺骗视为获取成功的一种手段，那么这样的"人才"终将会自食其果，造成不可估量的损失。

美国著名管理学家沙因在《企业文化生存指南》一书中指出："在企业发展的不同阶段，企业文化再造是推动企业前进的原动力，但是诚信作为核心价值观是万古长存的，它是企业文化与企业核心竞争力的基石。"不错，诚信孕育于企业文化，扎根于企业文化，渗透于企业文化，是企业文化不可或缺的部分。同时，诚信还是实现企业价值观的内核，是形成和建设企业文化的助推器。随着市场经济的发展与完善，诚信是决定企业能否赢得市场的重要砝码。21 世纪的市场竞争不仅仅是企业产品的竞争，同时也是企业信誉的竞争。

华人首富李嘉诚的成功与其视诚信为生命的人生态度密不可分。《远东经济评论》曾经谈到有三样东西对长江实业至关重要，它们是名声，名声，还是名声。李嘉诚认为，重要的是要建立个人和企业的良好信誉，这是资产负债表中无法显示却具有无限价值的资产。商业的存在除了创造繁荣和就业机会，最大的作用是服务于人类的需求。企业本身虽然要为股东谋取利润，但"正直"是企业文化的基础，也可以视其为经营中的一项成本。一个有使命感的企业家，应该努力坚持走一条正途，正直赚钱最好。

《郁离子》记载：济阳有个商人过河时船沉了，他大声呼救，有个渔夫闻声而至。商人喊："我是济阳最大的富翁，你若能救我，给你 100 两金子。"待被救上岸后，商人却翻脸不认账了。他只给了渔夫 10 两金子。渔夫责怪他。富翁却说："你一个打鱼的，一生都挣不了几个钱，突然得十两金子还不满足吗？"渔夫只得怏怏而去。可后来那富翁又一次在原地翻船了。有人欲救，那个曾被他骗过的渔夫说："他就是那个说话不算数的人！"于是商人被淹死了。这就是言而无信的惨痛后果。

《墨子·修身》中也说道，"志强智达，言信行果"，只有言而有信，说到做到，才能得到别人的信任与支持。孟子说："诚者天之道，思诚者人之道。"强调人应该效法天道真实无妄的品格。西汉时代董仲舒则把"信"配以仁义礼智，合成人伦之"五常"，作为人际交往的行为规范。从古人实践"诚信"的结果看，"以信接人，天下信之；不以信接人，妻子疑之"，即一个以诚待人的人，天下人就会信服他；反之，哪怕他最熟悉亲密的人，也会不相信他。因而人们把诚实守信、表里如一、言行一致作为为人处事的信条，崇尚有加，并演绎出楚人季布"一诺千金"、商鞅变法"移木取信"等诚信、践诺的生动历史故事。

古人崇尚仁、义、礼、智、信。而信是最重要的道德品格，凡事都应该以信誉为基础，只有具备了信誉，才能被人依赖，才能在办事时做到游刃有余，有更大的发展空间。

诚信是一种人人必备的优良品格，一个人讲诚信，就代表了他是一个讲文明的人。讲诚信的人，处处受欢迎；不讲诚信的人，人们会忽视他的存在；所以，我们每个人都要讲诚信。诚信是为人之道，是立身处事之本。

一粒沙子就是一个世界，一颗露珠能够反射出太阳的光辉。一个人如果拥有了诚信，那他就是一颗最闪亮的星星……

为了人与人之间的尊重和信任，让我们争做诚信人，多做诚信事吧，让这个社会都充满诚信那不是更好吗？

虚伪奸诈是一面易碎的镜子

1. 一生之中，最重的是守信。现在就算有多十倍的资金，我也不足以应付那么多生意；而且很多是别人主动找我的。这些都是为人守信的结果。

2. 世上最累人的事，莫过于虚伪地过日子。

3. 一个有使命感的企业家，应该努力坚持走一条正途。

4. 宁亏自己，不亏大家。

善行天下

虚伪奸诈都是名利场上的产物。虚伪者见机行事、见风使舵。奸诈者浑水摸鱼、煽风点火、推人落井、破坏规则，阴毒之中害人性命。人类历史上充满戏剧性的人灾横祸，大多是由某位虚伪奸诈者暗箱操作，才得以风生水起。

李嘉诚在创业之初，也曾犯下过错误。

李嘉诚以生产塑胶产品起家。1957 年春天，李嘉诚偶然从报纸上得知意大利生产塑胶花，决定马上去考察，但在那家公司门口却停下脚步。李嘉诚素知外商对新产品技术的保守与戒备，理当名正言顺购买技术专利，但是，当时的长江厂还是家小厂，根本付不起昂贵的专利费；而且，外商绝不会轻易出卖专利，它往往要在充分占领市场，待到盈利盆满钵满后才准备出手。情急之中，李嘉诚想到一计良策。因为他注意到这家公司的塑胶厂招聘工人，他便报了名，被派往车间做打杂的工人。

李嘉诚负责清除废品废料，他能够推着小车在厂区各个工段来回走动，双眼却恨不得把生产流程全盘收录脑海中。每天等到收工后，李嘉诚便急忙赶回自己租住的旅店，把白天观察到的一切都悉数记录在笔记本上。不久，整个生产流程都熟悉了，可是，属于保密的技术环节核心门道还是不得而知。周末，李嘉诚邀请数位新结识的懂技术的朋友，特意到城里的中国餐馆吃饭。李嘉诚用英语向他们请教有关技术，佯称他打算到其他的厂应聘技术工人。李嘉诚通过眼观耳听，大致悟出塑胶花制作配色的技术要领。李嘉诚收获颇丰，满载而归，随后把塑胶花当作主打产品，开始崛起。

这些事情都是李嘉诚年轻时期做过的，多少有些不光彩。但人非圣贤，孰能无过？过而能改，善莫大焉。盖世的功劳，当不得一个矜字；弥天的罪过，当不得一个悔字。之后的李嘉诚吸取了这次教训，逐渐放弃了许多商人以“厚黑”作为自己的经商准则。李嘉诚对于“只有奸诈一些，才能赚取更大的利润”的观点都是不屑一顾，嗤之以鼻的。

《诸葛亮集》有《逐恶》一文，诸葛亮说，无论是治国还是治军，有五种奸人是祸患，必须注意驱逐。这五种人是：一、私结朋党，搞小团体，讥毁、打击有才德的人；二、在衣服上奢侈、浪费，穿戴与众不同的帽子、服饰，虚荣心重，哗众取宠的人；三、制造谣言混淆视听的人；四、搬弄是非，为了自己的私利而兴师动众的人；五、个人的如意算盘打得门儿清，暗中与敌人勾结在一起的人。这五种虚伪奸诈、德行败坏的小人，对他们只能远离而不可亲近。同理而言，在企业经营当中，这五种员工也是同样不受欢迎的。

诚信是为人之本，也是做人做事的原则和基本品德。精诚所至，金石为开，在人与人相处中，不管是同事朋友之间，还是在生意场上，都要以诚为本，以信为根。唯有如此，才能赢得他人的信任和支持，成功与财富方可滚滚而至。

海滩上，一位老人发现沙里埋着一盏神灯，他把神灯小心地挖出来，用手轻轻一擦，突然灯神冒了出来。灯神对老人说：“我感激你救了我，所以我要报答你，我可以满足你的一个愿望，你有什么要求只管说。”老人想了想：“我和我的哥哥 30 年前打过架，从那个时候起他就没跟我说过话，我希望现在他能够原谅我，能跟我和好。”灯神听了立即作法，一阵电闪雷鸣过后，灯神说：“你的愿望已经实现了。不过别人如果有这样的机会一定会求名求利，你却只想获得你哥哥的爱，获得你哥哥的原谅，这是不是因为你年纪大了，看淡了金钱！”老人听了回答说：“完全不是这样，是我的哥哥快要死了，所以我才想跟他和好。”

灯神听了顿时肃然起敬：“原来你是不想造成终身遗憾了？”老人吞吞吐吐地说：“是啊，如果我们不能和好他死后那万贯家财就全都给别人了……”

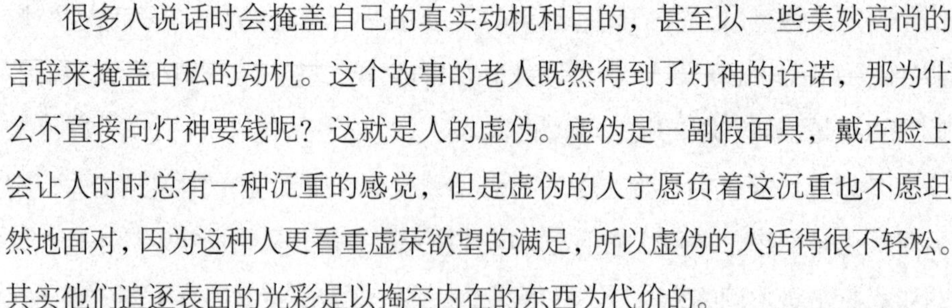

很多人说话时会掩盖自己的真实动机和目的，甚至以一些美妙高尚的言辞来掩盖自私的动机。这个故事的老人既然得到了灯神的许诺，那为什么不直接向灯神要钱呢？这就是人的虚伪。虚伪是一副假面具，戴在脸上会让人时时总有一种沉重的感觉，但是虚伪的人宁愿负着这沉重也不愿坦然地面对，因为这种人更看重虚荣欲望的满足，所以虚伪的人活得很不轻松。其实他们追逐表面的光彩是以掏空内在的东西为代价的。

虚伪的人也许不知道，过度虚伪的人因失去了真诚就成了一副没有灵魂的空壳。

与虚伪奸诈相反的是诚实守信。诚实，就是忠诚正直，言行一致，表里如一。守信，就是遵守诺言、不虚伪奸诈。“言必信，行必果”“一言既出，驷马难追”这些流传了千百年的古话，都形象地表达了中华民族诚实守信的品质。

而虚伪奸诈者只能得逞一时，却终将祸害一世。每一个成功者，都是靠真诚待人、诚实守信成功的。虚伪奸诈只会让自己越陷越深，就如李嘉诚所说：“如果撒了一次谎，你最后只能再撒15次谎来掩盖这第一次撒的谎。”世上最累人的事，莫过于虚伪地过日子。

比智谋更重要的是诚信

1. 我相信有理想的人富有傲骨和诚信，而愚昧的人往往被傲慢和假象所蒙蔽。

2. 与新老朋友相交时，都要诚实可靠，避免说大话。要说到做到，不放空炮，做不到的宁可不说。

3. 有时你看似是一件很吃亏的事，往往会变成非常有利的事。为了信守承诺而吃亏，这种吃亏会转变成福气。

康德在《论持久的和平》一书的《附录》中说："诚实比一切智谋更好，而且它是智谋的基本条件。"

李嘉诚在创办长江塑料厂的时候，经济条件很困难，竞争对手抓住了这一点，对长江塑料厂进行了恶意拍照，对手把镜头对准了他那破旧的厂房和工人们。当对方把这些照片登报后，李嘉诚拒绝了旁人给他出的重新包装粉饰一番的反宣传策略。他背着产品实实在在地找到代理商，很诚恳地告诉他们：

"你们看，我们在创业阶段的厂房是破了点，我这个厂长也是够憔悴的，且衣冠不整，但是请看看我们的塑料花，还有我们所设计的新品种，我相信质量可以证明一切。"代理商惊奇地看着这个诚实勇敢的年轻人，以及他生产的优质塑料花，为这样诚实而又优秀的创业者所感动。李嘉诚用诚实打了一个大胜仗。如果李嘉诚把主要精力放在"形象公关"上，一心只想着掩盖自己公司的不足，欲盖弥彰，肯定会被人抓住把柄。而他选择了诚实做人，不搞虚晃的假包装，主动承认自己的不足，把主要精力放在工厂的生产上，以质取胜，最后获得市场的承认，取得了成功。诚实比智谋更重要，这在李嘉诚身上得到了印证。

有一位教育家曾经说过：我眼中的好学生无非需要两方面的能力，一是"聪明"，即无论智商、情商都很高；二是"努力"，愿意尽其所能成为顶尖人才。然而如果没有"诚信"作为这两项能力的基础，所谓人才也不再是一位人才，甚至有可能将来走上不归路。

而我们生活中的一些人，因为太聪明，很容易自以为是，觉得自己比任何人都聪明，对父母、老师的教导不以为然，做事情总是打折扣，自以为很高明，其实在这个过程中他已经错过了很多，最后终会得不偿失。这就是聪明人苦闷、抑郁的原因，因为他不够实在、诚实，总是想不付出努力就有大收获，心里贪嗔痴念不断，以为自己的小聪明是成功的捷径，结果是聪明反被聪明误，满盘皆输。

这个世界上没有谁比谁更聪明，大家都是一样的肉体凡胎，你千万不要以为自己高人一等。一个人如果自视甚高，以俯视的眼光看待他人，就很容易滋生骄傲自满，这是非常有害的。自以为比别人有学问就会懒惰、不求上进，也交不到真正的良师益友，人生很可能就走上了一条不归路。而诚实的人，一步步脚踏实地地做人做事，每天都在进步，与人交往也能交到好的因缘，福报自然就大。

海尔集团首席执行官张瑞敏曾因为冰箱不合格问题，亲手把 76 台质量不过关的电冰箱销毁。但在电冰箱销毁前，海尔员工是想“内部处理”这些不合格的电冰箱的。但张瑞敏却坚持说：这些冰箱必须就地销毁。他顺手拿了一把大锤，照着一只冰箱，咣咣就砸了过去，不留情面地销毁了这台冰箱，然后把大锤交给了责任者，转眼之间，把 76 台冰箱全都销毁了。在这个事件中，张瑞敏带头扣掉了自己当月的工资，以做警戒。这一事件作为海尔创业史上的一个重要镜头，也成为海尔发展史上的经典案例。

诚信营销才是商家最佳的营销路线，他胜过一切推销手段。海尔集团首席执行官张瑞敏曾说，从现在开始，我们要确立质量方面的一种理念，就是“有缺陷的产品就是废品。我们的产品就分合格品、非合格产品。市场只有合格品，非合格品就不能进入市场，要再进入市场，就追究生产者的责任。从现在开始，我们要完善质量管理制度，以后谁再生产了这样的冰箱，责任由自己负”。这番话不仅是承诺，而且在消费者的品牌认同上有很大的触动。消费者的口碑营销才是商家事件营销的最佳目的，用诚实赢得消费者的口碑，从而也为自己省出了不必要的广告费。

诚实比一切智谋更好，而且它是智谋的基本条件，是力量的一种象征，它显示着一个人的高度自重和内心的安全感与尊严感。诚实，即忠诚老实，

就是忠于事物的本来面貌，不隐瞒自己的真实思想，不掩饰自己的真实感情，不说谎，不作假，不为不可告人的目的而欺瞒别人。诚实是成功的唯一捷径，它比任何高超的宣传手法和聪明才智都管用。

在我们很多人身上常常存在着怕说真话的顾虑，他们害怕讲出自己的弱点和不足后，会遭到别人的取笑和否定，因此就选择了粉饰太平的做法，直到被人揭穿的时候才后悔莫及。其实这都是眼界不够高造成的，只看到眼前的一点小利益，错失了长远的发展，实在是得不偿失。其实，诚恳老实做生意，是吃小亏占大便宜；偷奸耍滑做生意，是占小便宜吃大亏。其中的道理，值得深思。

诚实是第二生命

1. 诚信是我的第二生命，我答应的事，明知吃亏，也会去做。因为知道失信一次，别人就再也不会相信你了。

2. 注重自己的名声，努力工作、与人为善、遵守诺言，这样对你们的事业非常有帮助。

3. 我忧心，人与人之间欠缺互信：信任是凝聚理性社会的一个重要的环节，当它未能成为润泽社会的“正能量”，当大家总觉得一切在变味，对一切存疑，认为公平公正公义被腐蚀时，政经生态均会走向恶性循环的大滑坡；构建社会信任——是民族最好的无形资产。

善行天下

当今社会，我们的物质生活极度丰富，大卖场、网店上陈列的各种商品更是琳琅满目、应有尽有。但是，“买什么都是造假”的恐慌却开始让我们对这些产品敬而远之。“周大生等品牌黄金掺假”事件、苹果手机“后盖门”事件、“麦当劳肉制品过期销售”等与百姓生活密切相关的新闻报道，不停地冲击着大众的眼球和耳膜，让人望而却步。在我们身边，几乎充斥了各种各样的不诚信企业和个人，那些极其富有想象力的欺骗和虚假广告，让人防不胜防，人们对诚信的呼吁越来越强烈。

很多唯利是图的商人最后都得到了应有的下场，种下的恶果都得到了报应，但是巨额的利润还是让很多人趋之若鹜。痛心之余，我们更要敲响整个社会诚信的警钟，呼吁诚信经商、诚实做人。诚信是赚钱的根本，是生意人的大招牌。人无信而难立，诚信是人生的通行证，更是商人的第二生命。在当今的生意场上，商人更应该讲诚信，经济的损失，将来可以赚回来，而诚信的损失，就难以挽回了。

胡雪岩用诚信铸造了自己了不起的一生。他十三岁时拾金不昧，赢得了大阜杂粮行蒋老板的赏识，并给他一次当学徒的机会。他勤奋学习，助人为乐，诚实守信，这又赢得了去金华火腿行当学徒的机会；后来，他如愿以偿进钱庄，摸索到自己的人生目标“将来自己也开钱庄，做一个钱庄老板”。胡雪岩经受住了阜康钱庄于老板的全方位严格考验，于老板膝下无子，他下定决心把一生心血赠送给胡雪岩，并临终叮嘱他：“你命中有好也有坏，愿你今后多做好事，多积阴德。希望你能学我，勤奋积财，不要像石崇，因财招祸。”二十七岁时，胡雪岩赢得了人生的第一桶金——五千两银子，这为今后的发展奠定了基础。胡雪岩沿袭阜康钱庄经营，开设当铺，他“对待大小客户，都是一视同仁，极讲诚信”。客户听说了阜康钱庄信用很好，便都纷纷来存款，甚至有的客户连存折都不拿，委托钱庄替他保管。胡雪岩没有辜负客户的信任与厚望，赢得了口碑，他的事业也越做越大。

作为一个经营者，首先要树立自己个人的信誉，而后才会有企业的信誉。如果一个企业的管理者自己就是一个不守承诺的人，要让别人相信他们产品的质量那是不可能的。所以说，一个没有诚信的企业是很难成大气候的，谎言编织得再美好也终究会被拆穿，并且还会因此付出巨大的代价。

墨子说：“言不信者，行不果。”就是告诫我们，要想有一番大的成就首先就要树立诚信意识，一个没有诚信的人只会一事无成。

俗话说，得民心者得天下。一个有智慧的商人，会特别注重自己的名声和信誉，把信誉视为自己事业发展的第一大资产。他们宁愿舍弃利益，也不愿为了利益伤及自己的名誉，因为他们深深懂得名誉对于一个商人的重要性。对于他们来说，诚信不仅属于道德范畴，更是智慧范畴的概念，诚信是感性与理性双重选择后的结果。有人说，人要像爱护自己的眼睛一样爱护自己的名誉，可见名誉的重要性。一个人失去了眼睛会陷入一片黑暗的世界，失去了名誉在这个世界上就无立足之地了。一个声名狼藉的人走到哪里都是会被人唾弃的。

李嘉诚说，诚信是我的第二生命，我答应的事，明知吃亏，也会去做。因为他知道失信一次，别人就再也不会相信你了。李嘉诚先生不单单在生意上把诚信看得非常重要，在做慈善事业的时候，也非常讲究诚信的原则。他答应捐助的所有慈善事业，没有一个不去兑现的。他答应去捐助汕头大学的时候，他自己的企业也正面临巨大的挑战。但李嘉诚先生的回答是：“宁可把长江实业卖掉，我也要把汕头大学捐助成功！”可见他对自己许下的承诺是何等重视。

诚信是大智慧，是一个放之四海而皆准的万能准则。诚信的核心是善。而现在之所以有那么多不诚信的事情发生，原因在于我们被世俗的名利蒙

住了双眼，我们应该努力寻求人类本真的智慧，做至诚至善的人。与人为善，让利于人，对自己的得失不过于计较，尽己所能给他人行方便，自然会得道者多助，这是做人的大智慧。所谓“天时不如地利，地利不如人和”，如果一个人的事业发展是民心所向，有良好的群众基础，那他就没有不成功的可能。

诚信听起来好像很难做到，实际上不难。关键在于你肯不肯吃亏，放不放得下眼前的利益，这才是真正的考验。我们很多人之所以会不诚信，都是因为利益驱使，而且还是眼前的一点蝇头小利所致。其实从长远来看，这点小利益根本算不得什么，所以我们应该把眼光放长远一些，切勿因小失大。我们常说，吃亏是福，这句话确实有道理。一个生意人，他在出售商品的时候，一件产品可以赚十块钱，他少赚一点，只赚九块或八块，他的钱财就会滚滚而来。遗憾的是，我们很多人都不愿意放弃那一块、两块钱的利润，他不知道，因为这一块、两块他失掉了多少个顾客，多少个一万、两万甚至更多。更重要的是，这种让利需要长期始终如一的坚持，这才是表现你诚信的时候，否则就会摊上恶性竞争的罪名，终究会被人们抛弃。因为失信就是自己断了自己的后路，这样自寻死路的人是不会得到人们的同情的，想要东山再起就更是难上加难了。

中国传统的经商原则讲究薄利多销，让一分利与他人，少赚一点，这就为你的信誉加上了一块沉甸甸的砝码。有舍才有得，我们首先要舍得放下自己的小利益，这是基本前提。诚信贵在持之以恒，李嘉诚的事业能做得如此之大，关键就在于他数十年如一日的坚持，他不需要依赖任何巧妙的公关策略，和“李嘉诚”做生意，他的名字就是王牌。

第三话

唯宽可以容人，唯厚可以载物

长江取名基于长江不择细流的道理，因为你要有这样豁达的胸襟，然后你才可以容纳细流。没有小的支流，又怎能成长江？

退一步，得理也要让三分

1. 越是只想自己赚钱的人越赚不来钱，要有钱大家赚。因此就要胸怀全局，登高望远，牢记小利不舍、大利不来的道理，得理让人，得利让人，利益均沾，以吃小亏换来大便宜。

2. 有时你看似是一件很吃亏的事，往往会变成非常有利的事。

3. 奥秘实在谈不上，我想重要的首先是顾及对方的利益，不可斤斤计较。要舍得让对方得利，这样，最终会为自己带来较大的利益。我母亲从小就教育我不要占小便宜，否则就没有朋友，我想经商的道理也该是这样。

4. 做生意要有钱大家赚，有利益大家分享，这样才会有人愿意与你合作。

能充分考虑到他人的利益，生意会主动跑来找你。

善行天下

俗话说：海纳百川，有容乃大；能对他人宽容，是一种大美德。

曹操率兵于官渡打败袁绍，于败军文件中，找到多封曹操部下写给袁绍的信，内容都是讨好袁绍的，一看，就是寻求后路的，因为，战前的袁绍强于曹操。为此，有人建议将写信者斩首，但曹操呢，命人当众把这些信一把火给烧了，并说：当时，形势危急，连我自身都不保，别人这样，也是迫不得已呀。由于他的得理饶人，那些写信人很感激他的宽容，后来都死心塌地追随他。

“自出洞来无敌手，得饶人处且饶人。”如今，这句话已经成为人们处理人际关系的至理名言，指做事需留有余地，别人犯了错误不要一棍子把人打死，能饶恕的地方就尽量饶恕。然而，在职场中，我们常常会发现一些人一旦发现同事出了问题或拖了后腿，便觉得自己得了理，占了势，就气势汹汹，不可一世，摆出一副吃人的样子，令人望而生畏。

可要知道，一起工作的同事，特别是在同一部门、同一科室、负责同一项工作的同事，彼此有着紧密的关系，一个人的工作失误可能直接影响别人的工作业绩和收入，这时候造成失误的人心里一定非常难受，如果他的领导能将心比心，给他一些安慰：“没关系，我们看看什么环节出了问题，我们一起想想补救的措施。”这种与人为善的态度会使其感到安慰和温暖。

俗话说，人非圣贤，孰能无过。只要工作着就不可避免会出现这样或那样的失误。如果你是领导，你的下属犯有同样类型的错误，你会如何处理呢？

“退一步，得理也要让三分”是一种宽容大度，是一种交际美德，是一种人生智慧。《增广贤文》有言：“饶人不是痴汉，痴汉不会饶人。”

如此看来，得理不饶人就是一种愚昧、没有修养的表现了。在职场中，多给人台阶下，多放人过关，多与人为善，不争一日之短长，不争一言之褒贬。这样，我们才能拥有和谐的职场生态圈。

李嘉诚说，做生意要有钱大家赚，有利益大家分享，这样才会有人愿意与你合作。能充分考虑到他人的利益，生意会主动跑来找你。宽厚待人是李嘉诚做生意的原则，他从不过分计较个人的得失，在有利润的时候也不会自己一人独吞，总想着把好处分一些给别人，这也说明了他做人的老实厚道。职场生活中，每个人可能总被自己的得失困扰，生怕吃亏受委屈，所以会锱铢必较、得理不饶人。但是，可曾想过与别人计较的后果却是自己并没有得到快乐，反而是受气的时候居多。因此，宽容实际上是给自己的心灵解压，不去过分计较，不轻易生气动怒，内心平和下来美好才会出现。

宽恕伤害自己的人是困难的，但能做到这一点的人却是高贵的。沈殿霞曾以女性不多见的博大的胸怀宽恕了曾伤害过她的人，也为自己创造了一个融洽的人际环境，她这种化诅咒为祝福的智慧确实令人惊叹。宽容的伟大在于发自内心，真正的宽容总是真诚的、自然的；宽容是一种充满智慧的处世之道，吃亏是福，误解、谩骂、忘恩负义，都不去计较，这种吃亏，其实就是一种宽容的智慧，以一种博大的胸怀和真诚的态度宽容别人，就等于送给了自己一份神奇的礼物；宽容别人带来的愉快本身是至高无上的，它使我们认识到自己值得受到的宽容，也使我们认识到没有宽容心的人是有缺陷和危险的。

宽容是一种博大精深的境界和意境，是人的涵养，它是处世的经验，待人的艺术，为人的胸怀；它能包容人世间的喜怒哀乐，使人生跃上新的台阶。与别人为善，就是与自己为善，与别人过不去就是与自己过不去，只有宽容地看待人生和体谅他人时，我们才可以获取一个放松、自在的人生，才能生活在欢乐与友爱之中。失败时多一分宽容，停止对自己的申诉，心中就会少一分懊悔和沮丧，就能在心底扶起一个坚强的我。宽容别人也是宽容自己，保护自己，给别人留一些空间，自己将得到一片蓝天。一个宽容的人，到处可以契机应缘，和谐圆满，微笑着对待人生。

宽容是一种最高贵的美德，没有人穷困到无机会表达宽容的地步，没有人能比施行宽容的人更强大，更自豪。一个人的心胸有多宽广，他就能赢得多少人，付出宽容，你将收获无穷。

“世界上最广阔的是海洋，比海洋广阔的是天空，比天空更广阔的是人的胸怀。”人人多一分宽容，人类就会多一分理解，多一份真善，多一份珍重与美好，生活中的酸甜苦辣也将化作五彩的乐章，在生活中学会宽容，你便能明白很多道理。献出你自己，学会宽容，乐于赏识和称誉他人，并时刻保持能够使自己得到成长和增加学识的灵活性——这一切便产生了幸福、和谐、美满和事业有成。这就是一个人丰富多彩的生活应有的特征。

唯宽可以容人，唯厚可以载物。职场中的我们原本可以宽容一些，对一些事情不必斤斤计较，对一些人也不必针锋相对。宽容不代表我们软弱，那是一种大智慧，大聪明；宽容不代表无奈，那是一种力量能正己化人，学会与人相处自然和谐，必将会其乐融融。

待人宽容，真实诚恳

1. 对人诚恳，做事负责，多结善缘，自然多得人的帮助。淡泊明志，随遇而安，不作非分之想，心境安泰，必少许多失意之苦。

2. 以人为本的真正概念是双重的。当员工每日辛辛苦苦做完一天的工作，迈着疲惫的步伐回家时，企业应该保证给予他的忠实员工以优厚的待遇，使得员工能够衣食无忧，这就是以人为本。因此说以人为本不是前提，而是结果。以人为本是要求我们的员工通过辛勤的劳动，获得合理的报酬，和家人过上幸福的生活，这才是最大的以人为本。

3. 我不是一个聪明的人，我对我的员工只有一个简单的办法：一是给他们相当满意的薪金分红，二是你要想到他将来要有能力养育他的儿女。

所以我们的员工到退休的前一天还在为公司工作，他们会设身处地地为公司着想，因为公司真心为我们的员工着想。

善行天下

清朝初叶的李绂作过一篇《无怒轩记》，他说："吾年逾四十，无涵养性情之学，无变化气质之功。因怒得过，旋悔旋犯，惧终于忿戾而已，因以'无怒'名轩。"宽容是人和人之间必不可少的润滑剂。它和诚实、勤奋、乐观等价值指标一样，是衡量一个人气质涵养、道德水准的尺度。宽容别人是对对方的一种尊重、一种接受、一种爱心，有时候宽容更是一种力量。宽容本身也是一种沟通、一种美德。假如生活中，我们受到了不公正待遇或自己身边的人做错了什么，千万不要生气、愤怒，而应学会宽容。生气、愤怒是人类最坏的毛病之一，它是在用别人的过错惩罚自己，是一种徒劳的、于己于人都无益的活动。

从很小的时候起，李嘉诚就把这句话谨记在心。他待人真诚、厚道，在管理自己的企业时，也时时记着员工的辛劳。他觉得自己管理这么大的公司虽然辛苦，但是自己做老板赚的钱已经超过员工很多倍，所以他时时都不忘提醒自己，要多为员工考虑，让他们得到应得的利益。有多少企业的老板肯这样为员工考虑？我们不要只知道抱怨员工工作不努力、不积极，也要看看自己做人是否慷慨厚道，是否让员工得到了他应得的报酬和尊重，否则就不能责怪员工。人与人之间的交往是以心换心的，你对别人好，别人对你自然也好。同理可知，你对别人恶，别人对你也不会存什么好心。

企业管理必须是一个多赢的过程，即企业与员工、合作伙伴等都要有一定的收益，企业管理才算有所成就。员工付出劳动、领取报酬，这是一件天经地义的事，你想从员工那里取得他的劳动，就必须给予他一定的报酬，取予之间要有道义、原则的存在。李嘉诚说：我不是一个聪明的人，我对

待我的员工只有一个简单的办法：一是给他们相当满意的薪金分红，二是你要想到他将来要有能力养育他的儿女。所以我们的员工到退休的前一天都还在为公司工作，他们会设身处地地为公司着想，因为公司真心为我们的员工着想。在一个企业里面，高层员工薪水高，基层员工薪水低，这样的安排都要有原则，不能乱来。老板在公司里处于绝对的强势地位，是强者，这是毋庸置疑的，那么员工就是弱者，因为他们要听从老板的安排，要等着老板给他们发薪水。因此，作为强者要学习聆听弱者无声的呐喊，要尽自己所能去帮助弱者，并把帮助他人看成是自己的责任和义务。没有怜悯心的强者不算真正的强者，没有怜悯心的老板也无法成为一个成功的管理者。

我们都知道李嘉诚是靠生产塑胶花发家的，在那个时代塑胶花的行情特别好，但时过境迁，20世纪70年代以后，塑胶花已经过了它的黄金时期，形势急转直下。而那时的长江实业实力倍增，生产塑胶花与否已经是无足轻重的事情了，但李嘉诚仍在维持着小额的塑胶花生产，原因在于他念及老员工的情谊，不愿断了他们的生活来源。在长实集团彻底停止塑胶花的生产之后，李嘉诚不忘旧情，还将老员工安排在长江大厦里任管理工作，老员工对李嘉诚的为人都赞不绝口。有人对李嘉诚善待老员工这件事给予了很高的赞誉，面对这样的评价，李嘉诚说："一家企业就像一个家庭，他们是企业的功臣，理应得到这样的待遇。现在他们老了，作为晚一辈，就该负起照顾他们的义务。"李嘉诚对老员工能做到这样的悉心照顾，其他的员工看在眼里，自然会生起钦佩和赞叹之心，心悦诚服，为这样的人工作也自然会更忠诚、尽心尽力。

在给员工定薪水的时候，心地要宽厚，要设身处地为员工着想，让他们在工作的时候没有后顾之忧。另外，不能为了减少支出就胡乱找理由克扣员工的薪水，做事要讲道理。以心换心，一个公司肯真心为员工考虑，员工也会心存感恩，把公司当成自己的家，认真细致地为公司工作。整个公司能齐心协力，劲往一处使，这样的公司没有不兴旺发达的。

待人应宽容真诚，接物更应诚恳。在工作中，一定不能缺少真诚的心。

坦诚相待，才能进行有效的沟通，才会相互尊重，合作关系才可能持久，才会有凝聚力。管理者缺乏应有的真诚，怀着利用的心态来管理下属，就会导致人浮于事，效率低下，人才流失。一个尔虞我诈的团队早晚要分裂。正因为有刘备足够的诚意，才有诸葛亮后来的鞠躬尽瘁。真诚能使我们打开心扉，化解矛盾，理解体谅，广结善缘。真诚是立身处世的法宝之一。

让他人真心地喜欢你

1.做人最要紧的，是让人由衷地喜欢你，敬佩你本人，而不是你的财力，也不是表面上的服从。

2.一间小的家庭式公司要一手一脚去做，等当公司发展大了，便要让员工有归属感，令他们感到安心，这是十分重要的。管理之道，简单来说是知人善任，但在原则上一定要令他们有归属感，要他们喜欢你。

3.你要相信世界上每一个人都精明，要令人信服并喜欢和你交往，那才最重要。

善行天下

我们都喜欢跟这样的人打交道，他们诚实、有礼、智慧、和善、大方、正直，跟他们在一起无论是工作、闲谈或只是静静的相处，都会感到心里舒畅，如沐春风。

但是，我们感受与朋友相处的愉悦的同时，是否想过坐在你对面的朋友的感受？我们也能让朋友感受到这样的轻松和快乐吗？细心一点你可能会发现，坐在你面前的朋友有时候会不经意地皱眉、眼神游离不定或不间断地看时间，那是你让你的朋友感觉不舒适了，你该反思你自己有哪些地方做得不好了。

我们都渴望自己在朋友、伙伴当中是一个受欢迎的人，用现代的时髦话来说就是“人气高”。你的人气怎么样是由你自己的性格决定的，我们喜欢跟一些人打交道，却对另一些人敬而远之，别人对你也是一样的。你希望朋友真诚、正直、大方、善良，朋友对你也有同样的期望。我们在与人打交道的时候，总在思考要怎么与人交往，其实我们更应该注重怎样让别人变得愿意跟你交往。要让别人由衷地喜欢你，首先你就要严格要求自己，你应该把对朋友的期望也放在自己身上，让自己越来越好，成为大家都喜欢的人。

著名成功学励志大师卡耐基曾在其《如何使人喜欢你》一文指出：如果你要别人喜欢你，你真诚地关心别人！即要对别人异常关心和感兴趣。

哈佛大学校长伊里欧博士被每位学生爱戴。伊里欧博士处事待人有一个熟知的例子：有一位大学一年级学生柯蓝顿到校长室借用贫寒学生贷款50元。柯蓝顿事后这样说：“我拿到钱后心里很感激，正要走出校长办公室时，伊里欧校长却把我叫住，他说：‘请坐一会儿，我听说你在宿舍里

自己做饭吃。如果你能吃得适宜的话，我觉得那对你也没什么不好，我以前念大学的时候，也是这样的……’我听了很觉得意外，校长接着又说：‘你做过牛肉饼吗？如果能把它弄得烂熟的话，那可是一道很可口的菜，当年我就喜欢吃这个菜。’他不厌其烦地告诉我肉饼的做法。”可见，关心他人与其他人际关系的原则一样，必须出于真诚。伊里欧校长真诚待自己的学生，自然受到学子们的真心拥戴与好感。

有人说，李嘉诚的人生不仅是事业上的成功，更是他做人的成功。他在日常管理中会注入许多感情因素，对待员工常怀一颗仁义之心。真诚宽厚对待每一个员工，赢得了员工的尊敬与喜爱。在商场驰骋多年的李嘉诚之所以经久不衰，与其以以人为本的原则对待员工有着莫大的联系。作为管理者，胸怀仁爱之心，考虑问题也多为员工着想，这样的老板又有哪个员工不喜欢呢。仁者爱人，一个成功的企业离不开员工们的同心同德。充满爱心的李嘉诚自然会有相当大的令人信服的人格魅力，从而也造就了企业独树一帜的文化氛围和行业口碑。员工们的齐心协力帮助了企业持续发展。

人们常说，生活是一面镜子，你对它笑，它就对你笑；你对它哭，它便对你哭。其实朋友也是一样的，你给朋友一个真诚的微笑，朋友也会回报你一个会心的微笑。我们要学会夸奖别人，不要吝啬你的赞美，每个人都有他的优点，没有一个人是一无是处的，他肯定有值得称道的地方。我们的赞美对于朋友来说是一种鼓励，有了你的鼓励，他会做得越来越好。他变得好了，周围的人感觉到后，会越来越喜欢跟他交往，他感恩于你的称赞，肯定会投桃报李，乐于跟你交往。你和他因此就有了很融洽的朋友关系，相处一定会更愉快。我们在和朋友相处的时候，要不断地尝试换位思考，站在别人的立场上看看自己，反省自己的过错、不断精进。己所不欲，勿施于人，我们不愿意别人批评、侮辱、伤害我们，或者我们不喜欢做某些事情，那么人同此心、心同此理，我们也不应该去伤害、指责、批评他人，或把自己不愿承担的责任强加于他人。用这一份心去体谅别人的感受，用真情、真义、真智与人相处，才能让朋友们由衷地喜欢你。李嘉诚说人要去求生意做就很难，如果能让生意跑来找你，那就很容易了。那如何能让生意跑来找你？要广结善缘，学会结交朋友，和生意伙伴搞好关系，做一个真诚、正直、有礼的人。

多一个朋友多条路，人缘好，财源自然挡不住。其实这是一个万变不离其宗的道理，我们做任何事情要想成功，首先就要把人做好，把人做好的宗旨就在于温良恭俭让、仁义礼智信，这才是我们人生的根本。

一个人如果能得到朋友的喜欢和信赖，是一件非常幸福和快乐的事。和亲人相处感觉温馨，和爱人相处感觉甜蜜，和朋友相处感觉清风阵阵，又如一汪甘甜的清泉在心间慢慢流淌，让人酣畅淋漓。《弟子规》中说道："闻过怒，闻誉乐，损友来，益友却；闻誉恐，闻过欣，直谅士，渐相亲。"对待朋友的善言劝谏，我们要虚心，要真正听到心里去，如果我们总是以小人之心度君子之腹，把他人的好意看成是对你的批评，怀恨在心，这样好朋友也会对你敬而远之，避开你免得感到烦恼。如果一个人处在这种情形之中不能清醒，人生就比较危险了，甚至会误入歧途。相反，如果我们能在别人批评自己的过失时，不仅不生气，还能欢喜接受，感恩别人的提醒，那么朋友自然也愿意和我们亲近。当我们的身边有了许多朋友经常给我们一些善意的规劝，那人生就好比多了很多明亮的眼睛帮我们看路，自然就能顺风顺水。

把自己的角色扮演好

1. 不为五斗米折腰的人，在哪里都有。你千万别伤害别人的尊严，尊严是非常脆弱的，经不起任何的伤害。

2. 当你放下面子赚钱的时候，说明你已经懂事了。当你用钱赚回面子的时候，说明你已经成功了。当你用面子可以赚钱的时候，说明你已经是人物了。当你还停留在那里喝酒、吹牛，啥也不懂还装懂，只爱所谓的面子的时候，说明你这辈子也就这样……

3. 在我的企业内，人员的流失及跳槽率很低，并且从没出现过罢工潮。最主要的是员工有归属感，万众一心。

善行天下

在生活中，我们每个人都有自己的社会和家庭角色。比如说，你是这家公司的董事长，我是那家公司的总经理；你是市长，我是书记；你是书法家，我是画家……人的角色很多、很繁杂，这些都只是我们在人生这台戏中扮演的角色。除此之外，我们还有很多的身份。在家庭当中，你是父亲，是儿子，是丈夫，是兄长；在家庭外，你还有朋友、学生、公民、职员等一系列的角色。人生就是一个角色扮演的过程。处在什么位置都要把自己的角色扮演好，这是我们每个人的责任。但是在舞台上一个人一次只需要扮演一个角色，而生活中，我们却需要同时扮演很多的角色。这些角色是融合在一起，不能分割的，所以说做人难，难做人。

在一个企业里，老板是以管理者的角色出现的，员工要服从老板的领导，这是毋庸置疑的。但是一个管理者如果觉得在这个公司我最大，其他人都得听我的，我说什么你们都得听，把自己和员工的关系看成是主人和仆人的关系，那就不对了。员工和老板是互助合作的伙伴关系，你帮我做事，我付你工资，地位是平等的，没有谁高谁低之分。如果一个管理者把自己凌驾在员工之上，那他和员工的关系就会处于危险的状态，没有员工的支持，企业就会做不下去，这是显而易见的道理。

李嘉诚说，这个世界上不为五斗米折腰的人哪里都有，作为管理者你千万别伤害别人的尊严，尊严是非常脆弱的，很容易受到伤害。一个强势、固执己见、不尊重员工的管理者，是无法把一个企业经营好的。无论是管理者还是员工，首先都是一个活生生的人，有血有肉，有尊严有情感。作为管理者只有与员工站在平等的位置上，把员工看成是自己的朋友，沟通才没有障碍，说的话员工才听得进去，才愿意听。李嘉诚认为，要成为一个成功的领导者，不单自己要努力，更重要的是要学会听取别人的意见。领导有一个好态度，员工才肯对你说真话，才敢把自己真实的想法告诉你，要不然你就只是一个高高在上的孤家寡人，别人不敢亲近你，你也亲近不了别人。听到的都是阿谀奉承的假话，了解不到公司的真实状况，企业怎么能办得好？

作为一个管理者，你要敢于丢掉你老板的身份，不要摆出一副高高在上的样子，否则员工只是为你的势力所迫才顺从你，其实心里对你颇不以为然，甚至是嗤之以鼻，阳奉阴违，这对你管理好企业有什么帮助呢？一点帮助都没有。你就像一个站在讲台上的人体模特，高高在上，一副不可一世、不屑一顾的样子，可是却非常僵硬，一动也不能动。你不能亲近你的下属，因为你怕损了你老板的威风，所以就只能一直那样站着，四肢僵硬、酸痛。而你的下属呢，好比讲台下那些画画的学生，他们时不时抬头看你一眼，又急匆匆地低下头去画画，眼神很专注很认真，但是他们画的是什么你完全不知道。你觉得自己摆出来的形象高贵、威风，可是在他们的笔下你可能只是一只癞蛤蟆，又或者你根本不会出现在他们笔下，他们画的是另外的东西，与你完全无关。他们的眼睛看见了你，但根本没把你当回事，你走不进他们的心里。

站在一个老板的位置上想，你的员工完全不把你当回事，你在那里喊得声嘶力竭，下面也没有一点回应，这样的感觉真的很挫败。我们就算没当过老板，一定也有过这样的经历。但是这样的局面都是我们自己一手造成的，我们没有学会当老板，更没有学会做人。我们都听过《骄傲的孔雀》的故事，它的下场可不好，人若是骄傲自满、自以为是，下场怕只会更惨。作为一个企业的管理者，你肯定希望自己所有的员工都能够尽心尽力为公司做事，这是所有老板都梦寐以求的。但是很多时候，员工表现在你面前的工作状态都不是真实的，他们只是惧于你老板的地位在你面前做做样子，能逃过你的眼睛就好了。这自然不是我们想要的结果，那我们应该怎么办呢？

无论生活中，还是工作中，李嘉诚都诚恳待人，为人谦和，不摆架子，丝毫没有其他大老板的高傲作风。这种平和、善良，让他拥有了好人缘，对生意有很大帮助。在商业世界里，许多人把“有钱能使鬼推磨”奉为从商“圣经”。但是，如果以这种心态去经商，恐怕要碰壁。

其实，经商只是一种赚钱的手段，而它背后隐藏的是如何做人做事的学问。金钱绝对不是万能的，做生意的过程中，与别人打交道，一定要丢掉对金钱的迷信，从尊重、信任出发建立关系、发展业务。李嘉诚认为，不为五斗米折腰的人，在哪里都能把自己的角色扮演好，要舍得放下你老板的架子，要以平等的姿态和员工相处，尊重员工。要善于听取别人的意见，给别人说话的机会，不能自以为比别人高明、妄自尊大。要重视员工提出的意见和要求，不要急于否定和反驳。三人行，必有我师，要多向员工学习，他们身上肯定有值得你学习的地方。总之，一个平易近人、和善的管理者，是最有智慧的，只有这样对企业的状态才能做到真正的了解，才能运筹帷幄，事业自然就会做得好。

只有对手而没有敌人

长江取名基于长江不择细流的道理，因为你要有这样豁达的胸襟，然后你才可以容纳细流，没有小的细流，又怎能成为长江？只有具有这样博大的胸襟，自己才不会那么骄傲，不会认为自己样样出众，承认其他人的长处，得到其他人的帮助，这便是古人说的“有容乃大”的道理。我之所以选择“长江”这个名字，就是勉励自己必须有广阔的胸襟。

李嘉诚打造出属于自己的商业帝国，是由于他始终明确一点：单靠自己的力量，很难应对复杂的商业考验，个人的力量和智慧毕竟是有限的，

只有天下之才为我所用才能把生意做大。

李嘉诚的包容之心，不仅体现在他广泛吸纳各种人才上，还体现在他不与别人树敌上面，即使与人发生过隔阂，他也能坦然与之合作，实现自己的商业目标。

随着李嘉诚事业的不断壮大，他与同行之间的竞争变得越来越激烈。而同行是冤家，这是众所周知的，但李嘉诚却与商界同行打成了一片，最终建立了自己的商业帝国。

许多华人可能都知道，李嘉诚曾经帮助包玉刚成功收购了九龙仓，又击败了置地购得中区新地王，但并没有因为这些和纽璧坚、凯瑟克结为冤家。一场激烈的博弈之后，大家握手言欢，联手发展地产项目。正因为李嘉诚非常注意加强与对方合作，他才创造了“只有对手而没有敌人”的奇迹。

俗话说：“合则两利，斗则两伤。”世界上没有永恒的敌人，也没有永恒的朋友，只有永恒的利益。现实社会的竞争求利，难免有矛盾和误会。以宽容的姿态待人，才能在众人心目中留下胸怀宽广和明智聪慧的印象，才可以赢得更多的合作机会。这样才会有源源不断的生意找上门来，做起生意来也才会更顺利。任何一个生意人，都会有敌人，但只有宽容待人，才有可能取得和李嘉诚一样的成就。即使有人真的侮辱伤害了我们，也要把它看成是一种磨炼。“立大事者，不唯有超世之才，亦必有坚忍不拔之志。”他人对我们的无理辱骂，一方面是在磨炼我们的心态和脾气，另一方面也是我们增福的机会。

其实，能在各种困境中忍受屈辱是一种能力，而能在忍受屈辱中负重拼搏更是一种本领。谚语云：“万事皆因忙中错，好人半自苦中来。”受苦忍耐是一种承担、一种等候。许多事业有成者都在忍耐多次、失败多次后，愈挫愈勇，最后取得成功。能忍受他人不能忍受的触犯和侮辱，方能成就他人难以企及的事业。

今天的市场环境决定了以双赢为基础的竞争才能共生并持久发展，一个真正懂得经营智慧的企业，只有朋友，没有敌人。孟子曰：“无敌国外患者，

国恒亡。”一个国家没有敌人，就会慢慢变得软弱，最终走向灭亡。一个人没有敌人，即使很卓越，也会因为自满而停止努力，慢慢变得平庸。美国有这样一句广为流传的谚语:“没有一个伟大的敌人，就没有伟大的美国。”这一句话道出了美国从建国到拥有国际霸主地位才仅仅用了二百多年的秘密——美国曾经拥有一个世界上最强大的敌人，那就是英国。如果最初没有英国的打压，今天世界上就不会有美利坚合众国。就不会仅仅用了200多年就坐上全球霸主的宝座。

没有永远的利益伙伴，也没有永远的敌人。商战中同样需要人脉，需要朋友。李嘉诚说，人、技术、资金这三大条件的核心就是“人”。如果你有足够丰富的人脉资源，那么资金和技术问题就能迎刃而解了。所以，一个人事业成功的关键是“人”。孤掌难鸣、独木不成桥，一个人只要涉足社会了，必须寻求他人的帮助，借他人之力，使自己得到长足发展。无论你的个人能力有多么强悍，也必须这样做。“他人”中只有一种人能够实际地帮助你，具体地帮助你，那就是——朋友。这些亲朋好友，总是及时地给予你帮助，你遇有危难紧急，总是他们帮你排忧解难，挺过危急时刻。朋友，是一个特定的圈子。圈子虽小，但其作用却是难以估测的。因为每个人都有自己的能力和局限，以及人际关系不同，而必须相互帮助。借朋友之力，正是一个人的高明之处。

人脉是一种潜在的无形资产，是一种潜在的财富。表面上看来，它不是直接的财富，可没有它，根本就不可能会获得财富，不是吗？即使你拥有很扎实的专业知识，又是一个彬彬有礼的君子，还具有雄辩的口才，却不一定能够成功地促成一次商谈。但如果有一位关键人物协助你，为你开开金口，相信如果你再出马的话，一定会很顺利的。

越丰富的人脉资源，也就有越多的赚钱门路；你的人脉档次越高，利润就越大、越多。

朋友也是对手，是在竞争中鞭策你前进的挚友。就像没有麦当劳，肯德基的汉堡不会这么好吃；没有可口可乐，百事也不会这么壮大。没有狮子，羚羊永远也跑不快——真正激励一个人不断成功的，不是鲜花和掌声，不是亲朋的赞美，而是那些可以置人绝路的打击和挫折，以及那些一直想把你打败的对手、虎视眈眈的同行。

企业间的竞争中同样如此，很多时候如果不是强大的竞争对手或危机出现，我们可能永远停留在一个相对较低的水平上，甚至是逐步下滑与消亡。正是强敌与危机让我们振作、觉醒，激发出自己的潜能，走向卓越，至少不会在安逸中死去。

在李嘉诚的商场成功“心经”上，只有对手，而没有敌人。

和为贵，谐为美

1. 我觉得，顾及对方的利益是最重要的，不能把目光仅仅局限在自己的利上，两者是相辅相成的，自己舍得让利，让对方得利，最终还是会给自己带来较大的利益。占小便宜的人不会有朋友，这是我小的时候我母亲就告诉给我的道理，经商也是这样。

2. 不敢说一定没有命运，但假如一件事在天时、地利、人和等方面皆相背时，那肯定不会成功。若我们贸然去做，失败时便埋怨命运，这是不对的。

3. 互相爱恋、情投意合还不够，互相了解、互相体谅、和谐相处才是最重要的。亲情是与生俱来的，感情是要培养的，但亦要讲缘分。

4.关心与爱会带来真正的和谐，如果社会有进步、有关怀，这个社会就会非常和谐。

善行天下

“和”是中国传统文化的一个重要思想内涵，“贵和尚中、和而不同”的和谐精神，蕴涵着和以处众、和衷共济、和睦相处、政通人和、内和外顺等深刻的处世哲学和人生理念。这种“和”的思想，在我们儒、释、道、医、易的诸多典籍中，不仅随处可见，还是所有这些典籍的核心与灵魂。在中华传统文化中，和是一贯的主流和最高的境界，它是一门支撑民族精神、设计生存模式、塑造人的价值观念、构建社会伦理道德的学问。

老子说过，“知和曰常，知常曰明”；孔子在《论语》中提出“礼之用，和为贵”；孟子提出“天时不如地利，地利不如人和”；《中庸》提出“和也者，天下之达道也”。“和”不是盲从附和，也不是不分是非、无原则地苟同，而是“和而不同”。“和”的思想，强调世间万事万物都是由不同方面、不同要素构成的统一整体。在这个统一体中，不同方面、不同要素相互依存、相互影响，相异相合、相辅相成。由于“和”的思想反映了事物的普遍规律，因而它能够随着时代的变化而不断变化，随着社会的发展而不断丰富。

“和”是一种承认，一种尊重，一种感恩，一种圆融。“和”的基础，是和而不同，互相包容，求同存异，共生共长。所谓“君子和而不同，小人同而不和”，可见，和是一种高尚的思想，一种至高无上的品质。

在人与人的关系中，和的思想讲求和谐、和睦、和气、和善、祥和，提倡团结、互助、友爱；在人与社会的关系中，“和”的思想注重合群随众、和衷共济，个人利益与集体利益相结合，充分发挥个人的创造才能，建立协调一致、和睦相处的社会；在人与自然的关系中，“和”的思想强调天人合一，“赞天地之化育”，就是利用自然、改造自然、顺应自然、保护

自然的统一，谋求生态平衡，实现稳定协调、可持续发展；在处理不同文明和国家之间的关系时，提倡“一致而百虑，同归而殊途”，最终达到“协和万邦”，和平共处。这些思想正是我们这个社会所急需的，古圣先贤们早在几千年前就给出了答案。

“和”的立足点是社会的稳定和协调，以及人与人之间的互助与协作。自己发达后不忘提携同道，使大家都沾到好处，更是中国文化中一种“推己及人”的广阔胸襟。李嘉诚用自己的人生经历，为世人谱写了一曲和气生财的乐章。而在现代经营理念中，重视建立、巩固与同行的合作关系，也是企业生存和发展的重要方面。因为每个企业都不可能拥有全部的资源优势，只有着眼于长线经营，与同行真诚合作，取长补短，互惠互利，携手并进，才能获得源源不断的收益。毕竟单枪匹马的英雄时代已经过去，在对手林立的环境中，只能选择合作。一个人可以一枝独秀，但是不能独霸天下，只有懂得真诚合作的人才能生生不息地发展。

一个人的力量是有限的，现代社会的竞争往往是团队的竞争，这一点已成为越来越多的人的共识。对企业来说，现在所要面对的压力和社会挑战太大，困境颇多。要实现成功，没有好的人脉，实在是很困难的。而且，还要强调团结，要有共同的目标。否则，即使一个人再有追求，想创造巨大的物质财富并把它贡献给社会，恐怕累死也不能实现。

李嘉诚在讲述自己成功的经验时，一直在强调与人和谐相处，他认为成就事业最关键的一点是要有人帮助你，乐意跟你工作，要有朋友的扶持。李嘉诚常告诫员工说：凡事都要留有余地，因为人是人，人不是神，不免有错处，可以原谅人的地方，就原谅人。李嘉诚在领导下属时，也心怀和谐之心。他认为，人就是人，不是神，难免有时会做错，因此他对下属充满了耐心和爱心，这种以人性去领导的管理艺术，赢得了下属的尊重和忠心。

和谐相处，不抱怨，不树敌是李嘉诚为人处世的一项基本准则。他为人低调，诚实而勤勉，他常教导两个儿子及下属：“要保持低调，才能避免树大招风，才能避免成为别人的靶子。”如果你不过分显示自己就不会招惹别人的敌意。李嘉诚经营企业的风格也正是本着这种思想，不靠夸张的宣传，不靠极尽的渲染，而是靠默默的耕耘，靠实而不华的低调经营路线，靠口牌，靠赢得消费者的长期信任来发展自己的事业。

和谐相处是人与人交往的制胜法则，也是做生意的一项重要秘诀。和为贵，谐为美，就是要宽宏大度、体谅包容、宽厚待人、以理服人，这样才可以收获幸福的人生和震古烁今的事业。

第四话

挡不住今天的诱惑，将失去明天的幸福

人的价值，在遭受诱惑的一瞬间被决定。

自私者失道寡助

1. 我与人合作，如果赚 10% 是正常，赚 11% 也是应该的，那我只取 9%，所以我的合作伙伴就会越来越多，遍布全世界。你信不信我可以自私到让员工给我发工资？比如：一个员工这个月做了 5000，那么我只拿其中的 1000，剩下的 4000 全留给员工，有人笑我傻，其实这样也是为激励员工去努力工作，想想看，如果每月他们都能赚到 5000，我分 4000 给他们，100 个员工的话我一个月能收入多少，10 万！这就是为什么我说最无私的人就是自私的人。

2. 人生不应自私，在人生的路上，除了衣食住之外，还要能服务其他不认识的人。

善行天下

心理学家说：“人类的每一个行为都有对自己有利的条件作为基础，否则根本就不会产生动机。”人类的本质是自私的，所有一切行为都有自私的一面，自私可以说是人类最本质的弱点了。

但是，在这个瞬息万变的经济社会，现代企业发展讲究联手合作，这样能很好地提高企业防御风险的能力，还能建立互助共赢的良好机制，有利于企业的成长。这样的合作关系不仅可以在不同行业之间建立，就是在同行之间也可以存在。

李嘉诚曾强调，商业合作必须有三大前提：一是双方必须有可以合作的利益，二是必须有可以合作的意愿，三是双方必须有共享共荣的打算。其中共享共荣对商业合作的影响是巨大的，一方想将另一方打倒的合作只能是两败俱伤。这就像是两条系在一起的船，为了双方的共同进步两条船上的人都努力地划动船桨，默契协作，就会获得最终的胜利。反之，如果两条船上的人自私自利，个个心怀鬼胎，都在不断地伺机想把对方的船弄翻，那他们就注定不能达到彼此心中的彼岸。这两条船不仅不能共赢，反而会一起葬身在江海的浪涛之中。

我们虽然不能无私地为别人活着，事事都为别人着想，但绝不能太过于自私自利。因为自私就像一个沙漏，越自私沙漏得越多，失去的利益就越多。如果人什么都争取最有利于自己的东西，最后往往是一无所获，无利可图。

一家外企在招聘区域经理时，就遇到过这样一件事。在经过一轮又一轮的筛选后，5个来自不同地方的应聘者终于从数百名竞争对手中脱颖而出，成为进入最后一轮面试的佼佼者。

这5个人，都是各条道路上的“英雄好汉”，各有所长，势均力敌，谁都可以胜任所要应聘的职务。也就是说，谁都有可能被聘用，谁都有可能被淘汰。正因为这样，才使得最后一轮的角逐更加具有悬念，也显得更加激烈和残酷。

王鑫心里相对还是比较踏实的。因为凭他在几轮复试中过关斩将那股所向披靡的势头，他始终相信自己入围是没有问题的，于是，胜利的自信和成功的愉悦提前写在了他的脸上。

按照公司的规定，面试当天的早上9点钟应聘者要准时到达面试现场。面对如此重要的机遇，不用说，他们不仅没有人迟到，还都不约而同地提前半个多小时就赶到了。距面试开始时间还早，为了打破沉寂，他们还是勉强地聚在一块儿闲聊了起来。面对眼前这些随时会威胁到自己命运的对手，在交谈中彼此都显得比较矜持和保守，甚至夹着丝丝的冷漠和虚伪……忽然，一个青年男子急急忙忙地赶来了。他们纳闷，惊奇地看着他，因为在前几轮面试中谁都不曾见过他。

他似乎感到有些尴尬，主动迎上前自我介绍说，他也是前来参加面试的，由于太粗心，忘记带钢笔了，问他们几个是否带了，想借来填写一份表格。

他们面面相觑，王鑫想，本来竞争就够激烈的了，半路又杀出一个“程咬金”，岂不使竞争更加激烈？要是都不借笔给他，那不就减少了一个竞争对手，从而加大了成功的可能。他们几个有心灵感应似的你看着我，我看着你，终于没有人出声，尽管他们身上都带着钢笔。

稍后，青年男子看到王鑫的口袋里夹了一支钢笔，眼前立刻掠过一丝惊喜：“先生，可以借给我用用吗？”王鑫手足无措，慌里慌张地说：“哦……我的笔……坏了，不能用了！”

这时，王鑫他们5人当中有一个沉默寡言的小伙子走了过来，递过一支钢笔给他，并礼貌地说：“对不起，刚才我的笔没墨水了，我掺了点自来水，还勉强可以写，不过字迹可能会淡一些。”

青年男子接过笔，十分感激地握着小伙子的手，弄得小伙子莫名其妙。

张明他们 4 个则轮番用冰冷的目光瞟了瞟小伙子，不同的眼神传递着相同的意思——埋怨、责怪。因为这样又增加了一个竞争对手。奇怪的是，那个后来者在纸上写了些什么就转身出去了。

一转眼，规定的面试时间已经过去 20 分钟了，面试室却不见动静。他们终于有些按捺不住了，就去找有关负责人询问情况。谁料里面走出来的竟是那个似曾相识的面孔："结果已见分晓，这位先生被聘用了。"他把手搭在小伙子的肩上，微笑着向大家做了一个鬼脸。

接着，他又不无遗憾地补上几句："本来，你们能过五关斩六将，最终站在这儿，已经很难能可贵了。作为一家追求上进的公司，我们不愿意失去任何一个人才。但是很遗憾，是你们自己不给自己机会啊！"

王鑫他们这才如梦初醒，可是已经太迟了。自私的他们只因为这一件小事，便白白丢掉了这个马上就可以得到的职位；而小伙子却由于自己的无私，成了这次应聘中唯一的幸运儿。

生活中，像王鑫那样的人，随处可见，他们不肯为别人提供便利，特别是在利益冲突的时候。他们总觉得自己给别人提供便利是在让自己失利。殊不知，因为自私抛弃别人，别人也一定会抛弃你。一个人越自私，失去的利益也就越多。

李嘉诚在做生意的时候，深谙自私者失道寡助的道理，因而一直非常注重共享共荣的原则，按照常人的思维，在激烈的市场竞争下，所有同行都是你的对手，在发展自己的同时还要处心积虑地想着把别人都整趴下，一个人独自站起来。但李嘉诚从不这样想，他认为顾及对方的利益是最重要的，不能把目光仅仅局限在自己的利益上，两者是相辅相成的。

在塑胶花市场鼎盛的时候，李嘉诚是香港首屈一指的"塑胶花大王"。很多商人看到塑胶花的生意好做、挣钱，也纷纷投资这个行业。作为塑胶花行业的老大，李嘉诚要想把这些新手打败是易如反掌的事情，但他没有这样做，事实也证明他的选择是正确的。我们知道，竞争是企业发展的动力，没有竞争，企业就会不知进取，而市场是每时每刻都在变化的，不知进取注定要被淘汰。而同行的存在，则会给人以压迫感，逼着你不断前进。同时，李嘉诚还知道，一个独自存在的企业，就像处在风口浪尖的一叶扁舟，一个稍微大点的海浪就可能将你淹没；而有了同行，他们就会用铁链稳稳地拴住你，你就安全多了。

每个企业的存在都有自己的优势和劣势，企业家必须认识到这一点，互相之间取长补短、优势互补，这才是同行之间共同发展的有效方式。

贪婪反会让自己失去

1. 经营企业“知止”两个字最重要。我从十二岁就开始投身社会，到二十二岁创业时就已经过了十年非常刻苦的日子，到今天我已工作六十多年了。在香港我看过有些人成功得容易，但是掉下去也非常快，是什么原因呢？“知止”是非常重要的。全世界很多企业之所以失败，最少一半都是因为贪婪。

2. 贪心首先会导致诚信丧失，失去合作伙伴。一个商人过于贪心时，往往希望一口吃成胖子，在现实条件达不到的情况下，会不惜采用欺诈手段以牟取暴利。以次充好、以假乱真等等都是目光短浅所致，短暂的盈利，却失去了原本可以长期合作的伙伴，真是得不偿失。

3. 作为一个庞大企业集团的领导人，你一定要在企业内部打下一个坚

实的基础。未攻之前，一定先要守，每一个政策实施之前都必须做到这一点。当我着手进攻的时候，我确信，有超过百分之百的能力。换句话说，即使本来有100的力量足以成事，但我要储足200的力量才去攻，而不是随便去赌一赌。

4.当生意更上一层楼的时候，绝不可有贪心，更不能贪得无厌。

贪婪不会让我们得到更多的财富，而是让我们失去更多的财富。就像故事中的人一样，在偶得一百元大钞后，总想再多得点，最终却牺牲了自己的健康。老子在《道德经》中说："祸莫大于不知足。"只有知足才会常乐，只有时刻保持乐观心态的人做事才会事半功倍。所以我们应该学会克制自己的贪欲，无论在工作中还是生活中。我们都知道贪婪可谓是投资理财的大忌，如果一个理财投资者，没有控制好自己的贪欲，最终等待他的或许是一穷二白。

李嘉诚说，在你的事业更上一层楼的时候，绝不可有贪心，更不能贪得无厌。贪心不仅会葬送你的前程，而且会将你以前的成就都付之一炬。我们身边有很多人一开始事业都做得很好，一步一个脚印走得稳稳当当。但是当事业取得一些成就的时候，他就开始动坏心思，因为前面的利润让他尝到了甜头，他的胃口越来越大，贪得无厌就一路下滑到深渊里去了。经商的人贪财，就会唯利是图，只要是能赚钱的生意什么都做，会不会害人他完全不管，也因此有了贩毒、贩卖军火、贩卖人口等罪恶行径。至于违法乱纪、偷税漏税，就更是家常便饭了。须知这些行为，肯定难逃法律的惩治。

在李嘉诚办公室墙壁上，悬挂着两个字：知止。"知利之止，知欲之止，为知人生之成局！”在汕头大学与学生对话时，他说，之所以能够保持这样的势头，是因为他有“知止”这两个字的座右铭，所谓知就是知晓，止就是停止，就是凡事要适可而止，适度而为。

李嘉诚在经营自己事业的时候，就特别注意警示自己不要有贪心。他总是告诫自己，有钱可赚时要考虑自己的合作伙伴的利益。有时候，你明明可以得到10%的利益，但如果你只拿9%，留给别人一些，那你就会财源广进，李嘉诚深信这一点。人只要有一点贪恋私利的念头，就会阻塞智慧变得昏聩，从仁惠变为狠毒，由高洁变得污浊，从而败坏一生的品行。这是十分可怕的。所以说，不贪是宝，一颗没有贪念的纯心是最宝贵的，没有贪念就不会为满足一己私欲而做出伤害他人的事情。不贪口腹之欲就不会杀生，不贪色欲就不会邪淫，不贪安逸就不会懒惰……你的一生自然就会行善积福，安详圆满。

贪是一种罪孽。我们经常在史书上看到古代一些买官卖官的事例，会觉得很愤慨，对这种行径很不齿。殊不知我们现代社会，为官的人贪赃枉法、疯狂敛财的手段更是可恶至极。打个比方，某市要建一座高楼，市政府一些官员负责招标，很多建筑公司为了竞标成功就给这些官员行贿，有些道德品质低下的官员就会不顾建筑质量，谁送的钱多就把标内定给谁。而那些中标的建筑公司为了节省成本多得利益就会偷工减料、以次充好，建筑质量完全没有保障，留下很多隐患，用不了多长时间新楼就变成危楼了，然后就倒塌出事故了，受灾受难的群众不知道有多少。为了一己私欲，置他人的生命安危于不顾，这是杀生，是贪心导致的大罪孽。古人讲“不欺暗室”，说的就是人在他人看不到的地方也不能做坏事，天地鬼神都看得到，善恶之报，如影随形，这是逃不掉的。

巴菲特在2008年股市大规模上涨时，却主动减持自己中石油股票，很多人说他“股神老矣”。诚然，假如巴菲特能再晚一段时间减持，就可以多赚取几十亿元。但后来股市的价格让人大跌眼镜，大家反而更佩服巴菲特的投资策略，因为不论何时，拒绝贪婪依然是正确的。再遥想当年美国

互联网泡沫全盛之时，巴菲特也是远离贪婪按兵不动，虽屡遭众人非议，但随着互联网泡沫的灰飞烟灭，巴菲特重新获得人们的钦佩。

无论在股市中，还是生活中，都应该克制贪欲，在诱惑面前冷静思考，做出正确的选择。

富兰克林说过：“有两条路可以得到幸福，即消除欲望和增加财富。”托尔斯泰也说：“欲望越少，人生就越幸福。”因此我们应该学会控制自己的贪欲，学会舍弃，只有这样我们才能获取更加轻松愉快的人生。哈佛大学经济学教授丹尼·罗德克说：“世界上几乎所有大宗教都有着一条戒律，就是反对贪婪。现实生活中，我们常可听到人们用鄙夷不屑的口吻说出贪得无厌、贪心不足、贪婪成性等鞭挞贪婪的词汇来。”但是无论我们怎么鞭挞贪婪，在这个物欲横流的社会里，人们的贪欲总是被现实生活的诱惑激发起来。

生活中，总有鱼和熊掌难以兼得的选择，这时就应该向这位老者一样，选择适合自己的。欲望永远都不会满足，不停地鼓动着我们去追逐物质和金钱，然而过多的追逐会使我们迷失方向。贪婪不但不能满足欲望，反而会令人失去已拥有的东西。人有一定的占有欲是正常的，但当这种欲望过于强烈时就成了贪婪。我们每个人都应该懂得见好就收这个道理，否则，不但什么也得不到，就连已经拥有的东西也会失去。因此，做人千万不要太贪，有贪得无厌就必有得不偿失，只有适可而止、知足常乐的人才是真正的智者。

商业合作要懂得共享共荣

1. 任何人都有其优势和擅长的一面，同时也不可避免地存在着不足的一面。当别人的长处恰好能弥补你的不足，你的长处又恰恰是对方所不具备或不擅长的时候，你就有了形成优势互补合作的机会，这样的合作可以发挥你和对方的优点。可以想到，当对方将自己的优点尽量发挥出来的时候，将会给合作带来怎样积极有利的影响。这样有效的合作无疑能使双方共谋发展，达成双赢。

2. 生意场上以和为贵，互惠互利，是能够双赢的好事。大家合力就能办更大的事，为彼此带来更大的利益。许多人为争一时之气，与人失和乃至势不两立，处处与之作对，这样做从长远来说是得不偿失的。因为你在不给对方机会的同时也断送了自己的机会，以和求发展，双方均受益才是更高的境界。

欧文说："团结就有力量和智慧，没有诚意实行平等或平等不充分，就不可能有持久而真诚的团结。"

在这个瞬息万变的经济社会，现代企业管理讲究联手合作，这样能很好地提高企业防御风险的能力，还能建立互助共赢的良好机制，有利于企业的发展。这样的合作关系不仅可以在不同行业之间建立，就是在同行之间也可以存在。

比如说，两家同样生产手表的工厂，他们在设计品种和销售渠道等方面肯定是有区别的。假设甲方的产品设计和质量都很好，非常受市场欢迎，产品供不应求。但工厂规模却有限，很多客户的订单都无法按时完成，这无疑会影响甲方的企业信誉。而乙方的业务经营却有些萧条，这个时候甲方就可以跟乙方合作，委托乙方为其生产，这样就解决了双方的困难，实现了共赢。

李嘉诚在商业中奉行的共享共荣原则备受圈内人称道。其中大牌律师李业广与当红经纪杜辉廉在李嘉诚的公司合作发展中占有重要的地位。

人们称李业广是李嘉诚的"御用律师"，李嘉诚说："不好这么讲，李业广先生可是行内的顶尖人物。我可没这个本事独包下他。"诚然，李业广是"胡关李罗"律师行合伙人之一。李业广持有英联邦的会计师执照，是个"两栖"专业法律人士，在业界具有举足轻重的地位与声誉。

李嘉诚从来不张扬也不拉拢李业广给自己任董事，但两位大家的合作之后，长江实业增添了许多扩张计划，这在公司发展史上添上了重要的一笔。香港报刊业曾在介绍联交所新任主席李业广资格履历时，称他是"胡关李罗"律师行合伙人，长实集团多家上市公司董事……可见，长江在李业广及公众心目中的分量。

证券专家杜辉廉是英国人，他出身伦敦证券经纪行。20 世纪 70 年代，唯高达证券公司来港发展，杜辉廉任驻港代表，与李嘉诚结下不解之缘。1984 年，万国宝通银行收购唯高达，杜辉廉便参与万国宝通国际的证券业务。杜辉廉曾在业界称为“李嘉诚的股票经纪”，他是长江多次股市收购战的高参，并经营长实及李嘉诚家族的股票买卖。20 世纪 90 年代，李嘉诚与中资公司的多次合作（借壳上市、售股集资），多是由百富勤为财务顾问。身兼两家上市公司主席的杜辉廉，仍忠诚不渝地为李嘉诚出谋划策。

同行之间的共享共荣，最重要的是彼此之间的信任。如果同行之间矛盾重重、各怀鬼胎，不能坦诚相见，他们就会用很多的精力去思考怎样才能把对手挤垮，企业自身的发展肯定就会受到影响。如果每个公司都把着力点放在这个方面，那这个行业的兴衰就是可以预见的了。所以互相信赖是同行之间互助合作的基础，没有信赖难以成大业。每个企业的存在都有自己的优势和劣势，企业家必须认识到这一点，互相之间取长补短、优势互补，才是同行之间共同发展的有效方式。坚持共享共荣的原则，让李嘉诚赢得了很多的友谊，在同行之间也树立了良好的形象。

人生的美好不是只有名利

1. 有金钱之外的思想，保留一点自己值得自傲的地方，人生活得才更加有意义。

2. 人，必定要对人生的意义有一些想法，动一些脑筋。来世上走一遭，不能浑浑噩噩，更不能对人生的意义没有一丝探寻的念想。

3. 淡泊明志，随遇而安，不作非分之想，心境安泰，必少许多失意之苦。

4. 人生自有其沉浮，每个人都应该学会忍受生活中属于自己的一份悲伤，只有这样，你才能体会到什么叫做成功，什么叫做真正的幸福。

善行天下

人的一生就像时光河流里的一粒流沙，几万个日子匆匆之间就过去了，快得不可思议。每一个具有理性头脑的人，面对如此短暂而又如此宝贵的生命历程无不进行着深沉而执着的探寻。尽管每个人的抉择和抉择后的结果都不尽相同，但是，每个人最终想要达到的人生目标是统一的，那就是：安全、快乐、幸福、有所作为。

现今社会，浮躁的社会氛围，物欲至上的价值观念使许多有价值的东西发生了本质的改变。人们渐渐淡忘了理性，疏远了人本来的样子。面对多姿多彩的物质世界，很多人抵挡不住钱财、荣耀和感官快乐的诱惑，深陷其中不能自拔。任何人都明白，一味地屈从于物质欲望和精神陷阱的诱惑，必会使自己的灵魂变得卑下，人格失去尊严和魅力，人也就不能成为真正的人。

斯宾诺莎说："放弃迷乱的资财、荣誉、感官快乐这三种东西，则我放弃的必定是真正的恶，而我所获得的则必定是真正的善。"生命的意义就是把自己从庸俗和动物性中提升出来，并且不断地超越自我，更新自我。李嘉诚说，"有金钱之外的思想，保留一点自己值得自傲的地方，人生活得才更加有意义"。在他看来，人这一生绝不是为了金钱活着的，我们活着的目标应是自我精神境界的提升。正如季羡林在《人生的意义与价值》一文中说的：根据我个人的观察，对世界上绝大多数人来说，人生一无意义，二无价值。他们也从来不考虑这样的哲学问题。走运时，手里攥满了钞票，白天两趟美食城，晚上一趟卡拉OK，玩一点小权术，耍一点小聪明。甚至恣睢骄横，飞扬跋扈，昏昏沉沉，浑浑噩噩，等到钻入了骨灰盒，也不明白自己为什么活这一生。其余不走运的则穷困潦倒，终日为衣食奔波，愁眉苦脸，长吁短叹。即使日子还能过得去，不愁衣食，能够温饱，也终日忙忙碌碌，被困于名缰，被缚于利锁。同样是昏昏沉沉，浑浑噩噩，不知道为什么活这一生。

李嘉诚一直认为：人，必定要对人生的意义有一些想法，动一些脑筋。来世上走一遭，不能浑浑噩噩，更不能对人生的意义没有一丝探寻的念想。人生之中，有很多美好的东西等着我们去掘取，不能只停留在名利的层面，生命还有更重要的价值。对于人生的思考，每个人都有不同的价值评判，“夏虫不可语冰”，境界不同，评判也是千差万别的。

在一个人一生漫长的道路上，谁都难免经历得失荣辱的过程。大多成功人士都是经历过得失风波的，只不过他们把得失荣辱看淡了、看开了，因此，他们能做到心气平和，思维冷静。他们能够抛开这些荣辱得失，静下心来，全心全意继续自己的事业，从而最终获得成功。

大科学家爱因斯坦在报考瑞士联邦工艺学校时，不幸因三科不及格而落榜，被人耻笑为“低能儿”。小泽征尔这位被誉为“东方卡拉扬”的日本著名指挥家，在初出茅庐的一次指挥演出中，曾在演奏中被听众“轰”下场来，紧接着又被解聘。被称为留学教父的俞敏洪，高考三次才勉强进入北京大学西语系，而厄运没有摧垮他们的原因，是因为在他们眼里始终把荣辱看做人生的轨迹，把它们当作是人生的一种磨炼。

笑看人生起伏，坐观人生百态，是一种超然世外的智慧。只有摒弃不必要的留恋与顾盼，才能集中精力耕耘出更美好的未来。

世上有许多事情的确是难以预料的，成功伴着失败，失败伴着成功，人生本来就是失败与成功的统一体。面对成功或荣誉，不要狂喜，也不要盛气凌人，而是要把功名利禄看轻些、看淡些；面对挫折或失败，不要忧悲，也不要自暴自弃，而是要把厄运羞辱看远些、看开些。这样就会赢得一个广阔的空间，得而不喜，失而不忧，才能在人生的旅途中把握自我、超越自我。

庄子在《逍遥游》里讲了这样一个故事：有两个修道之人，一个叫肩吾，一个叫连叔。一天连叔对肩吾说：我听说有这样一个不可思议的神人，他住在藐姑射之山上。“肌肤若冰雪，绰约若处子”，他的肌肤晶莹剔透，像是从来没被污染过的冰雪一样洁净，神态像处女一样天真柔美，没有烦恼。他“不食五谷，吸风饮露”，根本不用吃五谷杂粮，他可以驾着飞龙，乘着云气，“游乎四海之外”，可以自由翱翔于天地之间。他只要稍稍一凝神，就可以使五谷丰登，使这一年里没有任何的灾害。

肩吾说：我可不相信有这样的事情，哪有这样的神人呢?

连叔说：我告诉你吧，在这个世界上，你无法和瞎子一起欣赏云彩的美丽，你无法和聋子一起欣赏钟鼓的乐声。你只知道人的形体有瞎子有聋子，有外在的残疾，你不知道人的心智上也有这样的残疾。这话说的就是你这种人，因为你没有那么开阔的眼界，没有那么博大的胸怀，所以你不相信会有这样的人。我告诉你，这样的人确实存在，这个神人，他的道德可以凌驾万物之上，将万物融合为一体。

因此，一个人的生活完全是可以由态度来改变的。一个人先天的性格、后天的机遇以及固有的价值观，最终会决定自己的命运。人生的美好不在于使你拥有名利，而在于一份“平淡如菊”的淡泊，淡泊在荣辱之外，淡然在名利之外，淡定在诱惑之外。这样的人生淡泊，能够让我们在物欲横流的滚滚红尘中，击破纷扰，洞察世事，谢绝繁华，回归简朴，达到“落花无言，心素如简”的境界。

君子爱财，取之有道

1. 商人有一个很重要的职责就是赚钱。我觉得人不应该唯利是图，应该有商人的道德，因为“君子爱财，取之有道”。商人最重要的道德是兑现承诺，也就是商誉和信用。

2. 原则使我们避免失误，减少懊悔，提高成活率，赢得尊重。任何时候都不能放弃原则，只有坚持原则才能得到真正属于自己的那一份人生财富。

3. 不义而富且贵，于我如浮云。是我的钱，一块钱掉在地上我都会去捡。不是我的，一千万块钱送到我家门口我都不会要。我赚的钱每一毛都可以公开，就是说，不是不明不白赚来的钱。

有人说，钱是万恶之源，人世间一切罪恶的存在都是因为钱，将一切不好的社会现状都归结为金钱的罪过，其实这是不正确的。钱本身并没有罪恶，它是无辜的，相反，钱给人类的生活带来了许多的便捷。

所以说，钱本身不是坏东西。但为什么社会上会有那么多人说钱不好呢？主要有以下几个原因：一是有钱人为富不仁，给人留下了很多坏印象；二是贫富差距太大，经济条件差的人无处抱怨，只好说钱的不是；三是为了金钱作奸犯科的人在社会上确实存在；四是钱催生更多的欲望，有钱就变坏的事例不少。从中我们也可以看出，这些社会状况的发生确实不是钱的罪过，而是人心的不定、名利等欲望的驱使造成的。

李嘉诚先生的资产有三百二十多亿美元，他是一个名副其实的有钱人，但是在他身上，钱没有让他堕落变坏，相反，钱让他为社会作出了贡献。如果他没有那么多的金钱，他就不能把他的慈善事业做得那么大那么好。很多经济困难的人因为得到他的帮助过上了美好幸福的生活，孩子们能进学校念书，生病的人能得到救治。在李嘉诚这里，钱是一个很好的帮助他人的工具，无疑是一种好东西。所以说，钱是没有好坏之分的，就像一把普通的水果刀一样，它能给水果去皮，方便人类的生活，但有的人却拿它来行凶，这是水果刀的罪过吗？显然不是，这是使用它的人的罪孽。

虽然钱财不是个坏东西，但不择手段地疯狂敛财，以致成为金钱的奴隶却是有百害而无一利的。古人说，君子爱财，取之有道。说的就是人应该凭自己的实力用正当的手段获得财富，靠坑蒙拐骗、非法经营得来的钱财是为人所不齿的，这不是一个君子会做的事情。李嘉诚说，不义而富且贵，于我如浮云。是我的钱，一块钱掉在地上我也会去捡。不是我的，一千万块钱送到我家门口我都不会要。我赚的钱每一毛钱都可以公开，因为这些钱不是不明不白赚来的。君子坦荡荡，赚钱靠的是自己的聪明才智、努力拼搏和勤劳节俭，而不是靠那些投机取巧、偷偷摸摸的勾当。

道是宇宙的本原和普遍规律，是正途，求财也应该遵循一条正确的道路。佛家讲求“真诚、清净、平等、正觉、慈悲”，中华民族的传统美德也要求我们做一个正直善良的好人，所以我们在经商求财的时候，一定要有自己的原则，不能失了做人的良心。商人经商赚钱，实际上不仅要遵守做人的原则，还要有商德。中国传统的商业道德是以诚为本，童叟无欺，一个有智慧的商人应该具备四个素质，即“智、勇、仁、强”。这里的“仁”，讲的就是商道、商德。所谓“仁者无敌”，一个仁义有道德的人是不会有敌人的，因为他本身具有良好的磁场，这种磁场他人是可以感受得到的，就像你走进一户人家、一个公司，它的氛围怎么样，你很快就能有所察觉。好的磁场被他人感知，自然就会以一种好的心态来对待你，普天之下的人都愿意跟你做朋友，敌人自然就不存在了。

胡雪岩是一个精明的商人，他一生的财富富可敌国，但是他挣钱从来都是走正途，他做生意注重招牌、注重面子、注重信用，他用自己的魄力和良好的信誉广罗人才，施财扬名，广结人缘。

当时正处于战乱时期，许多兵阵亡之后，由于来不及安葬，加上天气炎热，疫情加速扩散，所以导致了疾病四起。对此，胡雪岩曾消耗大量钱财去研发出大量避疫祛病和治疗刀伤金创的膏丹丸散，以廉价卖给朝廷军队。除此，他还吩咐向路人施药解暑，且丹药免费，每包丹药的外包装上都写有“胡庆余堂”四个字，这样一来，胡雪岩赢得了朝廷的信任和百姓的好口碑。

施药救人虽让胡雪岩没有赚得过多利润，甚至在成本上出现了损失，但是，这些举措却具有惊人的影响力，极大地提高了其胡庆余堂的名望，而由胡庆余堂建立起来的良好信誉，对其他所经营的产业，如钱庄、丝茶、当铺等的经营，也起到了良好的推动作用。这为胡雪岩之后的成功奠定了基础。

一个成功的商人不但要保持对钱财的热忱，不断获悉能够赚取利益的商机，而且要坚持“君子爱财，取之有道”，因为爱财不等于视财如命。一个人生活在世上，金钱名利不是人生的最终目标。每个人都有追求财富的权利，但追求财产绝不能为此做违背自己良心与道德的事。

李嘉诚因诚信经营而誉满天下，诚信就是他的商道之一。一个成功的商人，肯定要遵守一定的经商法则，坑蒙拐骗、投机取巧是不会有大成就的，即使他赚得了一点钱财，也会很快散尽，因为这是不义之财，是取不得的。

面对诱惑，淡然处之

1.淡泊明志，随遇而安，不作非分之想，心境安泰，必少许多失意之苦。

2.坎坷经历是有的，一直以来靠意志克服逆境；一般名利不会对内心形成冲击，自有一套人生哲学对待；但树大招风，是每日面对之困扰，亦够烦恼，但明白不能避免，唯有学处之泰然的方法。

3.我内心已有非常好的保障，若一个人不知足，即使拥有很多财产也不会感到安心。举例来讲，如果看着比尔·盖茨的财富和你自己的距离那么大，那么你永远不会快乐。重要的是内心。

4.面对世间的诱惑，人有时难免迷茫，若放弃了诚实而满足一己之欲，即便得来成功也并不真实，最终会受到心灵的谴责或外在的惩戒。

5. 在看苏东坡的故事后，就知道什么叫无故受伤害。苏东坡没有野心，但就是给人陷害，他弟弟说得对：我哥哥错在出名，错在高调。这个真是很无奈的过失。

善行天下

淡然是一种境界，是心灵的轻盈，正如蝴蝶般翩翩舞动的优雅。淡然是一个智者才会有的心境，人的一生如同一条向大海奔去的河流，高低起伏才是真实圆满的。面对生命中的起起落落我们要有一种宠辱不惊的心境，任他风起云涌，我们都要做到岿然不动。李嘉诚的事业遍天下，任何一单生意都是一笔很庞大的资金，所以一单生意的成功与失败，背后都有很大的得失。但李嘉诚面对生意场上的得失很坦然，他认为：没有输赢就不是做生意，一个生意人首先就要做好失败的准备，在心理上不给自己施加压力，做起事来才能轻松自在。卸下了心理上的重担，轻装上阵，成功的概率肯定会节节攀升。原来，淡然也是做生意的一项秘诀，李嘉诚参透了其中的奥秘，所以他的事业才做得那么好、经久不衰。

金钱，也曾经对李嘉诚抛出橄榄枝。面对诱惑，李嘉诚也曾倾心过，也曾心动过。这和他的成长经历有着直接关系。他目睹父亲从受人尊敬的小学校长，逐渐落魄到一名寄人篱下的普通职员。在李嘉诚的成长足迹中，经历贫穷，深知没钱就没有尊严、没有家、没有读书学习的机会，就无法摆脱困境。所以，在创业成功之后，李嘉诚也曾享受过金钱带来的快乐。1956年，28岁的李嘉诚已跻身百万富豪之列。那时候的李嘉诚，开始仔细体会到物质享受所带来的乐趣，穿的西装来自裁缝名家之手，手戴百达翡丽高级腕表，开名车，甚至拥有游艇。李嘉诚也曾迷恋上流社会的玩意，玩新型莱卡相机，并在香港列提顿道半山腰买了面积近200平方米的新宅，将母亲接来同住。

但是，就在李嘉诚举家搬进新家的那天晚上，李嘉诚彻夜难眠，第一次认真审视财富，“财富能令一个人内心拥有安全感，但超过某个程度，安全感的需要就不那么强烈了。”李嘉诚后来回忆说。在之后的半年里，李嘉诚的心情一直是郁郁寡欢的。常常在晚饭后，一个人驾车到西环半山上的宝珊道发呆。据李嘉诚后来回忆说，直到有一天，自己突然想明白了，可以通过帮助别人，赋予财富新的意义，李嘉诚突然领悟到：“内心的富贵才是真富贵。”

当一个人内心非常安逸时，他就会表现出一种从容不迫的神态，这时考虑任何事情，就容易发现事理的奥妙，也就是最能找出“识心之真机”。试想一想，当你烦躁不安时，你的头脑怎么样？肯定是杂乱不堪，不仅看问题看不清楚，想事情也会想不透彻。这是事实，我们都有过这样的经历。我们古人讲究“以静制动”，这是非常高明的，静则心境澄明，注意力集中，看问题就清晰多了。我们有时候做事情会因为赶时间而很着急，一通乱忙，但多数情况下是丢三落四，虽然忙活了很多事情，但却没有一件办好的，到头来事情没解决，反而又添了很多新的麻烦。相反，如果你在做事情之前不是乱忙，而是静下心来仔细想，理清主次先后、分清轻重缓急，一条条理好，有条不紊地做，那事情就会做一件少一件，自己心里不烦躁，办事的效率也会高很多。这就是淡然安逸带给我们的实实在在的好处，值得细细体味。

在我们的生活中，有这样一类人，他们患有高血压和心脏病，不能受气、不能受刺激，我们常人喜欢的突如其来的惊喜，对他们来说很有可能就是致命的。因为他们的心脏承受不了这样巨大的刺激，不把这种刺激化解掉，就会出现危急的状况。其实对我们常人来说也是一样的，突然的刺激对我们的身体和神经都是有害的。中医讲究平和，即使是治病也是慢慢化解，而不会采用什么猛药、特效药，这是有道理的。因为人的身体需要一个适应过程，下猛药虽然可能会很快把病治好，但我们的身体也会受到伤害。

大喜大悲不是一个智者该有的心态，无论是狂喜还是惊悲，我们都应该缓一缓，过渡一下再接受，这样会减少对内心的冲击。就像在拳击场上搏斗，对方重重地向你打过来一拳，如果你满满地全部接住，身体肯定会受到伤害；但如果你向后退一步或抓住他的胳膊阻挡一下，他打在你身上的力度就会小很多。所以，我们修养心性要自发主动，在冲击力把你打倒之前，出手挡一下，就会好很多。

人生活在这个世界上，每天要接触不同的人和事，自然就会产生情绪的波动，但各种情绪的波动必须适度、平和，否则就会伤害身体。在我们的周围，常常有许多诱惑向我们招手，如果我们被这些诱惑所束缚，我们就会患得患失，烦烦恼恼。在诱惑面前，我们若能淡然处之，保持一颗宁静超然的内心，用一颗平常心，得意坦然，失意泰然。做起事来，我们就会不慌不忙，不骄不躁。心灵常处于一种安详、平稳的境界。人也轻松、自在。

我国古代的圣贤老子和庄子都认为虚静是万物的本性，因而恬静的生活是一种符合人的本性的生活，符合本性的也是自然的，而自然的境界就是一种最高的境界，亦是人性的真正本源。因此，淡然是我们人类的本性，是我们每个人都该努力寻求的一种生活，只有淡然安逸的生活才是我们本该享有的幸福人生。

第五话

成就加上谦虚才会更杰出

我表面谦虚，其实很骄傲，别人天天保持现状，而自己老想着一直爬上去，所以当我做生意时，就警惕自己，若我继续有这个骄傲的心，迟早有一天是会碰壁的。

成由谦逊败归奢

1. 在卓越与自负之间取得最佳平衡并不容易。因为信心、“勇敢无畏”也是品德，但沉醉于过往和眼前成就、与生俱来的地位或财富的傲慢自信，其实是一种能力的溃疡。我们要谨记传统智慧，老子的八字真言：“知人者智，自知者明。”

2. 希腊哲学家对“卓越”与“自负”有一个非常发人深省的观念，他们相信每一个人都有责任把自己的潜能发挥得淋漓尽致，但同时人的内心应有一戒条，不能自欺地认为自己具有超越实际的能力，系统性扩大变为自我膨胀幻想，如陷两难深渊，你会被动地，不自觉地步往失败之宿命。

3. 我想和大家分享的诀窍是什么？我称它为“自负指数”，那是一套衡量检讨自我意识、态度和行为的简单心法。我常常问自己，我有否过分骄傲和自大？我有否拒绝接纳逆耳的忠言？我有否不愿意承担自己言行所带来的后果？我有否缺乏预见问题、结果和解决办法的周详计划？

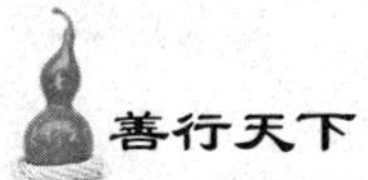

善行天下

徐特立曾说："一分钟一秒钟自满，在这一分一秒间就停止了自己吸收的生命和排泄的生命。只有接受批评才能排泄精神的一切渣滓。只有吸收他人的意见才能添加精神上新的滋养品。"降生在这个世界上的每个人都有他独特的才能和智慧，世界上绝大部分人都很聪明，我们不能想当然地认为自己聪明绝顶，无所不能。有时你可能会认为自己确实比他人高明很多，但是尺有所短、寸有所长，在这件事情上也许你真的有过人之处，但是在别的事情上他人又会超过你，所以人不可因一方面的突出优势就自以为是，目中无人，因为这样对人格是有损伤的。

翻开历史，我们不难看出有多少志士仁人、文人墨客，由于谦虚而在事业上有所成就，永载史册，又有多少人由于骄傲而悔恨终生。三国时期，刘备为了重振汉室，三顾诸葛亮于茅庐。他不因诸葛亮位卑而倨傲，而是降低自己的身份，一次又一次地去拜访。诸葛亮终感其诚，答应为他奔走效劳。而与此相反，李自成率领的农民起义军为了推翻明王朝的统治，曾转战南北，历经了十余年才攻进了明朝的首都——京师，推翻了明朝的统治。他们自认为天下已经得到了，就放松了警惕而骄傲起来，致使为清军所败，终不能成就一世伟业。李自成几十年的心血也毁于一旦了。再如，吴王夫差因为打败了越王勾践而骄傲起来，终日花天酒地，不理朝政，后来，终于被卧薪尝胆的勾践所消灭。

一个真正有才能和智慧的人，他待人处世的态度是谦卑温和的，只有那些虚张声势、没有真材实料的人才会做出一副高人一等、趾高气扬的模样。

俗语“一桶水摇不响，半桶水响叮当”，说的就是这个道理。真正的学问和才华是沉淀在内心深处的，它能让人心境安泰，神清气爽，而那些半吊子的学问只是漂浮在表面上的浅浅一层，没有几分扎实的功夫。平常爱做家务的人都知道，在淘洗豆子的时候，往盆里倒水，那些果实饱满的豆子都沉在盆子的底部，而那些空瘪的豆子都漂浮在水面上，做人也是同样的道理。那些爱显摆、爱吹牛的人往往都是没有真实学问的，他们就像漂浮在水面上的豆子，都是一些空壳而已。

李嘉诚说：“我年轻的时候，表面谦虚，其实很骄傲。为什么骄傲呢？因为同事们去玩的时候，我去求学问；别人天天保持现状，只有自己的学问日渐提高，并一直想着努力往上爬。所以我在做生意的时候，就警惕自己，若我继续有这个骄傲的心，总有一天会碰壁。”李嘉诚的这番话说得很有道理，正应了“成由谦逊败归奢”这句话。一个人太过张扬自满，到底有多少学问自己并不清楚，以为自己什么都懂得了，就不再去学习钻研了，学问自然不会有长进。别人的建议也听不进去，更不会虚心请教，而骄傲自大的态度又会让朋友们都对他“敬”而远之，长此以往，肯定会招致祸害。李嘉诚在给年轻商人的98条忠告里说道：在看过苏东坡的故事后，我终于知道了什么叫无故受伤害。苏东坡没有野心，但就是被人陷害。他错在扬名，错在高调，错在成为众矢之的。这真的是很致命的过失。所以，人一定要保持谦虚的态度，用自己的低姿态来主动回避他人嫉妒的目光。

初入职场，如果你被公司安排到了哪个部门开始实习，难免会遇到这样一种“卖老族”，他们有时会让你做一些分外的工作，他们有时会对你很不友善，他们有时会对你评头论足……与这样的“雷人”同事相处，职场“菜鸟”一定要有自己的原则和态度，这样才能不让自己刚入职场就遭遇当头一棒。

离开象牙塔的职场新人们，要知道无论你是研究生、大学生还是中专生，当你离开校园走上工作岗位，在心态上一定要有一个学习的谦逊态度。要多向一些老同事学习，要善于从琐碎的事情开始做起。将自己接手的文件有序整理……新人如果扎扎实实坚持做这些“小事”，势必能很快融入新环境。针对工作，自己多思考多行动，不要害怕犯错误。在日常交往中，职场新人不要将自己包裹在小世界里，应该适当地向同事敞开心扉，这也是对他人的尊重。因为与人交往大家一般都要遵守一个“对等原则”。另外，要客观冷静面对工作中的一些突发情况，比如，面试时明明说是工作可以双休，可是，上班后领导偶尔会要求你加个班，你对此千万不要有失落感。对于与同事之间发生的一些小小的不愉快的事情，也不要斤斤计较。

这个世界上的每个人都有你所不能及的才华，每个人都是你的老师，所以我们在任何时候都要谦虚，但也并不是说在意见对立时不顾原则而放弃与人争论，而是要以一种学习的态度认真听取别人的见解，并能真正听从别人的正确见解，不固执己见，做到知错就改。举世闻名的希腊哲学家苏格拉底有一句名言：我只知道一件事，那就是我一无所知。这样声名赫赫的大学者仍都认为在学海面前，自己是一无所知的，那职场新人又有何理由妄自尊大、骄傲自满呢?

求知的人就像一个永远也装不满的容器，正因为有着许许多多的空缺，才促使他不断求知、不断奋斗、不断前进；如果他感觉自己已经装满了，自己值得骄傲与自满了，那么他离失败也就不远了。虚则万物盈积，满则腹中空空。一个人一定要有虚怀若谷的胸襟，只有如此才能获得真正的智慧。

谦虚交往，打好交道

1. 我深信：谦虚的心是知识之源，是通往成长、启悟和快乐之路。在卓越与自负之间，智者会亲前者而远后者。背道而驰的结果，可能是一生成就得之极少，而懊悔却很多，成为你发挥最佳潜能的障碍，降低你主控人生处境的能力。在现今无限可能的电脑时代，大家对“重新启动”按钮相当熟悉。然而，在生命这场永无休止的竞争过程中，我们未必有很多重新启动的机会。我相信，给你这个机会，也没有人期望过一个不断“重新启动”的人生。

2. 成就加上谦虚，才最难能可贵。

3. 对人诚恳，做事负责，多结善缘，自然多得人的帮助。淡泊明志，随遇而安，不作非分之想，心境安泰，必少许多失意之苦。

4. 当你们走出小渊，踏进人生这真正的大学堂，请坚守常思考、常反思的守则，并怀着奉献和关怀的心态处事。只知撷取而不懂付出的人，他的人生仅是个虚影。

善行天下

克雷洛夫是著名的俄罗斯寓言家，他写的寓言被翻译成 53 种文字在世界各国流传。当朋友称赞他的书写得好、销路好时，他风趣地说："不是我的书写得好，是因为我的书是给孩子们看的，他们容易把书弄坏，所以印得多。"这样的回答，既别出心裁又幽默风趣。这种说话的方式显示出他良好的教养和人品的敦厚，幽默得让人很舒服。这是一个很好的谦虚的例子，这种谦虚法值得我们好好学习，将谦虚化为无形、自然、妥帖，确是上策。

谦虚不是为了得到别人的喜欢就千方百计地贬低自己、抬高别人，谦虚不是谦卑，更不是谄媚。谦虚的基础是坦诚，虚情假意是虚伪。用谦虚的态度与人交往，首先就要舍得把功劳分给别人。《菜根谭》中说："完美名节，不宜独任，分些与人，可以远害其身。"这点在李嘉诚身上表现得异常明显。他深知要完成任何一项工作都需要很多同事共同辛苦努力，作为这个团队的领导者，他从不居功自傲，从不把所有的功劳都揽到自己一个人的身上，而是时刻惦记他的下属，从不忽视他人的作用。因为没有整个团队的齐心协作，工作任务是不可能完成的。

一次，中国商界著名的 CEO 们在香港维多利亚港湾的中环长江中心大厦集体拜会李嘉诚先生。这其中有阿里巴巴网络技术有限公司 CEO 马云先生、万通集团总裁冯仑先生、蒙牛集团董事长牛根生先生等 30 多位中国内地著名的企业家。无疑，他们都是各个行业的"领军人物"。但谁也没想到，

当这些在商海赫赫有名的杰出人物走出电梯门的时候，迎面却见李嘉诚出现在门口。肯定很多人都没有想到，李嘉诚能够亲自站在电梯口迎接他们。李嘉诚谦恭地和每一位来客握手。随后的三个小时会谈将被他们中的很多人在未来的日子里津津乐道。

在局外人看来，这就像是一次朝圣。尽管并不是每一位到访者都有这种感觉，但对于眼前的这位耄耋老人，大家心存尊敬应该是毋庸置疑的。关于李嘉诚的书籍和传说在大陆广为流传，李嘉诚先生的知名度堪比华人神话，但在这 30 多人中，绝大多数企业家都是第一次和李嘉诚面对面接触。

谦虚交往，可以让一个人的成绩与成就更进一步。一个人只有谦虚做人，方能够继续积累向上攀登的实力，提高自己的人生高度。难得的是，李嘉诚在获得巨大的商业成就后，仍然保持一颗谦虚的内心，对人热心，为人低调，与人谦逊。所以说，他的事业继续如日东升也就不足为奇了。

站在管理者的高度，审视整个公司的员工，一般情况下，他们都不会对你提出直接的批评，恰恰相反，你听到的赞扬会比较多。面对他人的赞扬，你应该如何判断。有的人一听到赞扬就兴高采烈，完全不管别人对你的夸奖是不是事实就欣然接受。而李嘉诚却不会，他一定会先想想别人的功劳，并先称赞别人，然后再以一种轻松幽默的方式将自己的功劳一笔带过，不显山不露水。比方说，公司创业之初做成了一笔大业务，大家都赞扬李嘉诚领导有方、工作能力强。李嘉诚却说这都是员工们工作努力得来的成果，没有他们这笔业务是做不下来的，很感谢大家的团结一致。在分配奖金的时候，也按工作业绩来定，从不自私自利地一个人独享。

谦虚与人交往，才会打好交道。没有人喜欢和那种趾高气扬、得意扬扬的人打交道，谦虚的人才会有真朋友。那些骄傲的人往往也是将面子看得最重的人，你为他着想对他提出一些诚实的建议，他不仅不听，还会对你进行攻击，因为他觉得你的建议让他很没有面子，他必须把你打倒来证明他是正确的。虽然俗话说“有理走遍天下”，但是碰到那种完全不讲理的人你也没有办法。他心里其实很清楚谁对谁错，就是抹不开面子不愿意承认，还要一个劲地跟你胡搅蛮缠，这是最让人头疼的。我们不喜欢跟那样的人打交道，人同此心，别人肯定也不愿意，那我们就要提醒自己，为人要谦虚，对待别人的意见要友善，知错就改。

与虚荣自满相比，谦虚是一种积极的人生态度，它需要你向前看、向上看，在和他人的对比中关注的是别人的长处、优秀者的水平、未来的需要，因而总能找到自己的不足，在成绩面前不骄不躁，保持永不满足的进取心。自满的人，喜欢拿自己的长处与别人的短处比，气量狭小，对他人的才能嫉妒不已。而谦虚的人，则会拿自己的短处与别人的长处比，更能显示出自己的不足。站得越高，就应该越懂得低头。当你在成就巅峰时，一定要保持谦虚的心境，而且你这种谦虚的态度别人看到也会很喜欢，它能帮助你营造良好的人际关系氛围。

开诚心，布大度

1. 一个职工，如果他平时马马虎虎，我会十分生气，一定会批评，但他有时做错事，你应该给他机会去改正。

2. 凡事都留个余地，由于人是人，不是神，不免有错处，可以包容人的地方，就包容人。

3. 一个领导要怀着宽容的心、公平的态度去对待同事、股东、下属以及任何人，没有容人之量，凡事以敌意揣测别人，以自我利益为中心，判断事物一定会失去机会，并且会使人生不快乐。要敞开胸怀、善意诚意待人，懂得舍、懂得不争就会争取到成就。

善行天下

每个人都有犯错误的经历，犯了错误自己心里难过，如果遭到别人的批评和责难，心里就会更加不好受。本来我们做错了事情，心里就很自责很愧疚，对自己的错误也进行了反省，并下定决心以后不再犯这种错误。但是如果在这个时候，再有个人跳出来对你大加指责，你心里的悔恨很快就会被怒火代替，会只想着如何反驳对方的指责，改过的心也没有了。相反，如果在这个时候，有人给你一些鼓励，宽容你的错误，那你心里肯定会很感激，下次肯定会小心谨慎，不再犯这样的错误了。

俗话说："做人不要做绝，说话不要说尽。"作为一个管理者，你要有一颗宽容的心，要"以责人之心责己，以恕己之心恕人"，宽容别人的错误，就是宽容自己。不会宽容别人的人，是不配得到别人的宽容的。宋代朱熹有云："治国之道，在乎猛宽得中。"意思是说，治理国家的奥秘在于对臣民恩威并施，把批评和宽容处理恰当了，治理国家就没有什么困难了。

管理企业好比治理国家，而且绝没有管理国家事务那么困难，"猛宽得中"能治好一国，用它管理好一个企业就是轻而易举的事情了。所以管理者在员工犯了错误的时候要猛宽并施，要让员工既认识到自己的错误，又不会因犯了错误就心灰意冷或心生怨恨，并能让他生起见贤思齐、奋起直追的进取心，这才是正确的选择。以宽容的态度对待别人的过错，让别人意识到错误，既能给别人台阶下，又为自己赢得了尊重与信赖。

李嘉诚的公司取名为"长江实业集团"，取意于"长江不拒细流，故能浩荡万里"，其中就蕴涵了宽容博爱的寓意。在浩荡的长江之水中，有沙石、尘埃各种各样的物质，还有各种支流不断的汇入，但长江从来都是敞开胸怀接纳它们。人也要有长江一样的胸怀，对待别人的过错、缺点，存一份

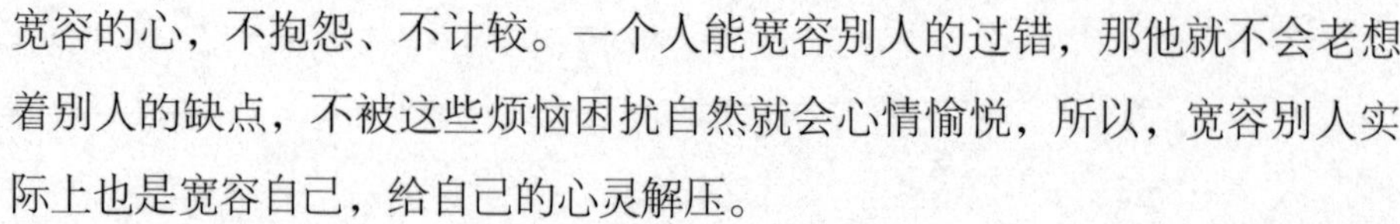

宽容的心，不抱怨、不计较。一个人能宽容别人的过错，那他就不会老想着别人的缺点，不被这些烦恼困扰自然就会心情愉悦，所以，宽容别人实际上也是宽容自己，给自己的心灵解压。

在一次和外商的谈判中，由于外商的态度蛮横无理，而且还对合同条款无端指责，提出了许多无理要求。最终，咄咄逼人的态度使得李嘉诚公司里的一位年轻经理没有完成预期的谈判意向，谈判双方还不欢而散。李嘉诚了解这件事后，让人把这位经理叫到了自己的办公室。出乎意料的是，李嘉诚并没有把他指责一顿，追究他的责任，而是和他说了许多谈判时应该注意的细节与门道，并帮助他指出这次谈判的不足之处与应对技巧。后来，经过沟通，外商也承认是自己的态度过于蛮横，两家重回谈判席。这次年轻的经理吸取了上次谈判失败的教训，终把合同签了回来。

李嘉诚说，做人凡事都要留个余地，因为人是人，不是神，不免有错处，可以原谅人的地方，就原谅人。中国有句古话叫“宰相肚里能撑船”，就是说人要有博大的胸怀和旷达的气度，一个宽容的人表现出来的是高尚的品德和优雅的风度，宽容是真正的智慧和勇气。管理者必须具备能容人的气量，一个斤斤计较的人是做不了大事的。李嘉诚在下属犯错的时候，常思考他犯错的原因，设身处地为他想：是否他的生活中遇到了困难？是不是和家人闹矛盾了？和同事之间有摩擦没有？这样宽容员工的错误，并对他生活中遇到的困难伸出援助之手，员工的心里总会很感激，以后工作起来也就更加认真努力了。

我们都听说过“将相和”的故事。蔺相如为了国家的江山社稷，面对廉颇的百般刁难和毁谤，都选择了宽容和忍让。因为他知道廉颇和自己身上背负着整个国家的安危，如果将相不和就会使国家和人民陷入危难之中，这是万万不可的，所以他选择了忍让。他的宽容让廉颇也意识到了自己的错误，亲自向蔺相如认错并请他责罚。他们一个宽厚仁慈，一个知错就改，同心协力辅佐国君，国家怎么会不繁荣昌盛呢？管理企业也是同样的道理，一个企业就是一个大家庭，家和才能万事兴，员工之间关系和谐，能做到互相帮助互相爱护，企业才会有发展的动力。

如果一个企业里面处处钩心斗角、尔虞我诈，都在想着法子使坏，那后果将是不堪设想的。打个比方，甲和乙是公司的产品设计人员，他们为了竞争经理的位置明争暗斗。恰巧这个时候甲接到一个紧急的设计任务，第二天早上就要上交，甲熬了一个通宵做成了产品设计，乙就想了一些坏点子，毁了甲的作品，让甲完不成任务受到批评，以削减甲的竞争力。这样一来，公司的利益就会因为他们两个人的争斗受到直接的损害。如果整个公司都充满了这样的恶性竞争，那么再庞大的企业集团也会在顷刻间毁于一旦。

宽容是人生的一座桥，将彼此间的心灵沟通。走过这座桥，人们的生命就会多一份空间，多一份爱心，人们的生活就会多一份温暖，多一份阳光。宽容像一杯香醇的酒，需要我们用一生的时间慢慢品尝；宽容像一本厚重的书，需要我们仔细地去品悟；宽容像一段优美的旋律，需要我们慢慢地欣赏。因此，管理者自己要有宽容的心态，还要将宽容作为企业文化之一，让整个公司的员工都来学习，让宽容的品质在企业中蔚然成风。

不同意见促使你成长

1. 你自己应该知识面广，同时一定要虚心，听听专家的意见。我常常是这样，假如一个项目我认为是不好的话，我还是非常虚心地听。有的时候，可能 90% 是你认为不好的，但他讲的 10% 是你不知道的。那么这个 10% 可能就是成败的关键。当然，自己作为一家公司的最后决策者，一定要对行业有相当深的了解。不然的话，你的判断力一定会出错。今天跟从前有一个不同，传统的行业如果出错错不了多少，但是今天的决定错了，可以错得非常离谱。

2. 要成为一位成功的领导者，不但要努力，更要听取别人的意见，要有忍耐力，提出自己的意见前，更要考虑别人的意见，最重要的是创新。

3. 决定大事的时候，我就算百分之百清楚，也一样会召集一些人，汇合个人的咨询一起研究。始终应该集思广益，排除百密一疏的可能。这样，当我得到他们的意见后，看错的机会就微乎其微。这样，当各人意见都差不多的时候，那就绝少有出错的机会了。

善行天下

《潜伏论·明暗》中说道：“君之所以明者，兼听也；其所以暗者，偏信也。”意思是说：听取多方面的意见就能了解事情的真实情况，单单听信一方面的话或固执地坚持自己的看法，就会看不到事情的真相。就像一个人在漆黑的空间里打转，没有光明的指引，他肯定会四处碰壁。作为企业家，一定要注重听取员工的意见，员工处在不同的工作岗位上，每天接触的是一线的工作，他们掌握着公司第一手的经营资讯，只有他们才真正了解公司的实际情况，最了解工作当中的问题，最有发言权。重视员工的意见，不仅对完善企业的管理具有很大的作用，还能为领导者树立虚怀若谷的良好形象，对企业的发展能起到积极的作用。

历史上，齐成下善于倾听邹忌的意见，以至于“燕赵韩魏闻之，皆朝于齐”；唐太宗善于采纳魏征的谏言，始有“贞观之治”；假若刘邦不听萧何的举荐，不拜韩信为将，何以有大汉天下？倘若赵奢不听许历的建议，何以能在领兵救韩中挫败秦军夜袭的阴谋而大败秦兵……听取他人的意见，能够补充主见之中的不足；听取他人的意见，会少走许多弯路，不会迷失方向。在坎坷人生道路上，多一些平坦。人人都有自己思维的局限，而听取意见，则能够协助你抑制主观判断的闪失。

李嘉诚说，要建立同心协力的团队，第一条法则就是能聆听到沉默的声音，问自己是否开明公允、宽宏大量，能承认每一个人的尊严和创造能力。李先生的这段话是他在商海沉浮数十年得来的宝贵财富，值得很多企

业家学习和钻研。想聆听到沉默的声音，就要让所有的员工都能对你畅所欲言，他们不需要畏于你领导的地位保持沉默，有意见就敢大胆地提出来。作为领导者，首先应该剔除的就是执着。放下自己固执的看法和见解，听一听别人怎么说。当然别人说的并不都是对的，你自己心里要有一个判断。对于和自己的看法相左的意见，先不要急于否定，让对方把话说完，如果他人的意见确实比自己高明，要有鼓掌和喝彩的气度。不要自己心里明明已经知道谁对谁错，还端着老板的架子不肯承认自己的错误。

李嘉诚承认每一个人的尊严和创造能力，他知道每个人都有闪光的地方，尤其是那些敢于直面你的地位提出意见的员工，他们有勇气并且具备与众不同的智慧，这份与众不同的智慧是企业发展的动力源泉。他一直强调做企业和做人一样，必须有自己的特色，没有创新、千篇一律的事物是很难有大发展的，有创新才能生生不息。企业的创新来自于员工的创新意识，拥有一批与众不同的员工是一个企业最重要的财富，所以他从不轻易否定员工的意见，对那些不同的声音往往予以很高的重视，因为与众不同才是真正的智慧。

有一个小故事说：木匠师傅和几名学徒下乡寻找建材，看到一棵大树，枝叶直上云霄，五个人手牵手都无法环抱。木匠师傅说："我们就别浪费时间砍这棵树了，花再多时间也砍不倒。树干太沉重，要用来造船的话，船也会沉下去。如果要用来建造屋顶，墙壁非特别加强不行。"他们继续往前走。途中，一名学徒说："树木长那么大，却一点用处都没有！"师傅并不同意小徒弟的说法，他说："你这么说就错了，树木忠于自己的命运。如果它和其他树木一样，早就被我们砍掉了。多亏它有勇气敢与众不同，才能继续存活，生生不息。"树只有与众不同才能生存，企业只有创新才能长久，企业创新在员工，所以一定要重视员工的不同意见。

领导者能为相左的意见喝彩，说明他有谦虚大度的宽阔心胸，能将好的意见认真吸纳并落实到企业管理上，以后员工有什么意见都敢跟他提，都愿意跟他提。所谓"士为知己者死"，领导者肯认真听员工说话，对员工来说就是一种直接的鼓励和肯定，员工肯定会对公司尽心尽力。在听员工的意见之前也要有心理准备，因为意见有好听的，但大部分是不好听的，这就是现实，没有这个心理准备，是做不了一个好的倾听者的。正如《增广贤文》中所说“忠言逆耳利于行，良药苦口利于病”，不好听的意见才是好意见，那些歌功颂德的好话多半没有什么价值，管理者要明白这个道理。

卡耐基曾说过：“敌人的意见比我们的意见更接近真实。”对于与自己不同的意见，也应该认真倾听，在倾听中发现和吸取自己的不足，为做出正确的决策与管理而努力。另一方面，这样还会赢得其他人的尊重与信任，为自己创造良好的口碑。

人生如秋风吹皱悠悠岁月，飘落几多惆怅，几多感叹。行走在斗转星移的人生之旅，切勿一意孤行，也勿相信一切人。相信自己，而又能听取别人的意见，这才是“风雨人生路，逍遥任我行”的法宝。

只有博大的胸襟，自己才不会那么骄傲

1.只有博大的胸襟，自己才不会那么骄傲，不会认为自己样样出众，承认其他人的长处，得到他人的帮助，这便是古人所说的有容乃大的道理。就像大海，你必须有很大的空间，并且有很多的入水口，江河湖泊的水才能注入其中，形成浩瀚无边的海洋。

2.能力再强的人，尽管你能征服全世界，没有容人的胸襟你也装载不了成就。

3.如果你不广泛吸纳细小的支流就不能成为大河，一个干实业的人就必须有广阔的胸襟与别人一起工作！

善行天下

古希腊的著名哲学家芝诺曾经讲过一个“知识圆圈说”的故事，他说：假如把一个人的知识学问看成是一个圆圈，圆圈里面是已知的，外面是未知的，随着学问一天天增长，圆圈的面积会越来越大。一开始是一个小圆圈，它的周长比较短，接触的无知的范围就比较少。慢慢变成一个大圆圈，周长越来越长，接触到的无知的范围就越广。所以一个缺乏知识的人会觉得自己的知识很丰富，相反，越是知识丰富的人越觉得自己知识贫乏，因为他深深地知道还有那么广阔的知识世界是他所不曾知晓的。所谓“知人者智，自知者明”，发现自己无知正是有知的表现，骄傲自满则绝对是出于自己的无知。

我的知识圆圈有多大？我能意识到自己的无知吗？我的知识圆圈一直都在扩大吗？我们每个人都应该问问自己，反思自己的人生。知道自己的不足，学习的态度才会谦虚，在别人面前才不会骄傲自满，也才会胸襟开阔、虚怀若谷。所谓虚怀若谷，就是说人谦虚的胸怀像山谷一样宽广。山谷汇小溪、纳百川才成为江海湖泊，一个谦虚的人就能容纳很多的意见，最后成为大智之人。所以人一定要有豁达的胸襟。

李嘉诚说：只有博大的胸襟，自己才不会那么骄傲，不会认为自己样样出众，承认其他人的长处，得到他人的帮助，这便是古人所说的有容乃大的道理。就像大海，你必须有很大的空间，并且有很多的入水口，江河湖泊的水才能注入其中，形成浩瀚无边的海洋。人也是一样的，丰富的知识和阅历可以通过自己的主动学习获得，也可以从他人处习得，但是如果能从别人那里学到的话会省事得多。做人要有豁达的胸襟，对别人的谏言能虚心接受，对那些才学比自己高深的人不嫉妒不毁谤，虚心地向他人学习，真正将他人的话听进心里去。

荀子曾经说："群子贤而能容墨，知而能容愚，博而能容浅，粹而能容杂。"西谚曰："世界上最宽广的是海洋，比海洋更宽广的是天空，比天空更宽广的是人的胸怀。"这里讲的就是宽容为怀的道理。宽容是一种博大的胸怀，是一种崇高的美德。在处世中不搞唯我独尊，对不同的观点、行为要予以理解和尊重，即使自己有理，也不能咄咄逼人，得理不让人，把自己的观点和行为强加给别人，要尊重他人的自由选择。尊重别人就是尊重自己，宽容别人，才会给自己带来广阔的天空。

真正豁达的人能将别人说的话放在心上，靠自己的辨别力去明辨是非，用一种沉默的姿态来学习。就算别人对他说一些刺耳的嘲讽话，他也能毫不动怒地接受，因为那是别人自己的过错，与他并没有什么关系，有什么好生气的呢？还有，听到别人说自己的坏话而能够不生气，尽管坏话说得很厉害，像火光熏天，也不过是拿火去烧天空，虚空中没有东西可烧；火终归是要熄灭的。若是听到别人说坏话，你就生气，虽然你用尽心思，尽力去辩，结果却像春天的蚕吐丝，把自己束缚住了。这就是所谓的作茧自缚，自讨苦吃。所以生气动怒，不能解决任何问题，人一定要存宽容豁达的心，这样才能保持心境的安静平和，学问知识才能有长进。

有容乃大，是当今时代最珍贵的人性品格，是时代成功者必须锻造的一种人性。宽容是一种与人相处的素质，一种时代崇尚的品德，更是吸纳他人长处，充实自我，创造自我价值的良好思维品质。宽容能塑造一个健康的社会文化氛围，使每个人的个性、天份和志趣得到尊重和发展，使我们生存的社会成为百花争艳的世界。

庄子有句话"乘物以游心"，我们的心可以游荡到多远是由我们自己决定的。人心的自由是因为人可以不在乎，人的一生只能被你真正在乎的事情拘束住。如果你不在乎，那么还有什么可以束缚你呢？天下人为了名和利，辛劳地奔波忙碌，内心疲惫不堪，原因就在于我们被名和利束缚住了，捆住了自己心灵的翅膀。如果真正放下了名利，那人生自然是灵动轻盈，哪来那么多的烦恼呢？

第六话

像奥运赛跑一样，只要快 1/10 秒就会赢

今天在竞争激烈的世界中，你付出多一点，便可赢得多一点。好像奥运会一样，只要快一点，便是赢。

时间都去哪儿了？重视时间的价值

1. 我没有时间——错：时间很多，但浪费的也很多！别人很充实，你在看电视；别人在努力学习时，你在玩游戏消遣虚度。总之时间就是觉得很多余，你过得越来越无聊。别人赚钱了羡慕别人，但不去学别人好好把握时间创造价值，整天不学无术。

2. 有时间就应该进修充实自己，不要浪费时间。

3. 我看报纸通常只浏览标题，不会轻易地一条一条去读内容。我认为，如果所有报纸都从头看到尾的话，太浪费时间了。

4. 要充分利用日常的每一分钟，即使一分一秒也不要白白地浪费掉。

5. 一名合格的商人就应该具有视时间如生命的精神。

时间在悄无声息地流走。朱自清说过，“燕子去了有再来的时候，桃花谢了有再开的时候，杨柳枯了有再青的时候……”但时间去了永远也回不来了。每一秒都在飞速流走，走在青草上，飞在空气中……时间一去不复返，看着真有一些心痛。想起吃饭的时候，时间从我的饭碗中过去溜走；洗脸的时候，时间从流水中飞去；休息睡觉的时候，它便大步大步的从你身上跨过，从你脚边飞去。如果说，空间不那么公正，那么，时间却是相当公正的。上天赐给我们每个人的最丰盛的礼物就是时间，因为无论多么富裕的人都无法用金钱买到更多的时间。一寸光阴一寸金，寸金难买寸光阴。再怎么贫穷的人，一天也有 24 小时的时间供他使用。

时间是我们所拥有的最宝贵的东西。我们能够挽留朋友，却不能够挽留时间，正所谓“时间一去不复返”。时间就像滚滚东流的江水一样一去不回头，所以我们没有理由不珍惜时间。工作是一个漫长而艰辛的过程，也是一个不断改变自己的过程。工作当中我们要珍惜时间，提高工作效率。正如奥斯特洛夫斯基在《钢铁是怎样炼成的》中写到的那段话：“人最宝贵的是生命，生命对每个人来说只有一次，人的一生应当这样度过：当他回首往事时，不因虚度年华而悔恨，也不因碌碌无为而羞愧；在他临死的时候，他能够说，我的整个生命和全部精力都献给了世界上最壮丽的事业——为人类解放而斗争。我们必须抓紧时间生活，因为即使是一场暴病或意外都可能终止生命。”

在富兰克林报社前面的商店里，一位犹豫了将近一个小时的男子终于向店员开口问道：“这本书多少钱？”

"1美元。"店员回答。

"1美元！"这人又问，"你能不能少要点？"

"它的价格就是1美元。"没有别的回答。

这位男子又看了一会儿，然后问："富兰克林先生在吗？"

"在，"店员回答，"他在印刷室忙着呢。"

"那好，我要见见他。"这个人坚持一定要见富兰克林。

于是店员将富兰克林请了出来。

这个人问道："富兰克林先生，这本书你能出的最低价格是多少？"

"1美元25美分。"富兰克林不假思索地回答。

"1美元25美分？你的店员刚才还说1美元呢。"

"这没错，"富兰克林说，"但是，我情愿倒给你1美元也不愿意离开我的工作。"

这位男子惊异了。他心想：算了，结束这场由自己引起的争论吧。他说："好，这样，你说这本书最少要多少钱吧？"

"1美元50美分。"

"怎么又变成1美元50美分？你刚才还说是1美元25美分啊！"

"对。"富兰克林平静地说，"我现在能出的最低价钱就是1美元50美分。"

这位男子默默地把钱放到柜台上，拿起书出去了。这位著名的发明家和外交家给他上了终生难忘的一课：时间就是金钱。

时间是一切财富中最宝贵的财富，没有一种宝物可与时间相比。甚至可以说我们唯一的财富，就是我们拥有的时光。生命是一个渐渐消失的量化指标，每一次报晓的雄鸡长鸣，我们的财富就又减少了一点。许多人不成功，是因为他本身就是一个"浪费时间的因素"。或许时间对那人来说没有意义，所以就肆意挥霍。没有意义的人生，一秒都觉得很长。

李嘉诚在商场上取得的巨大成就是他准确利用时间、珍惜时间的结果。李嘉诚为了不耽误开会，不失约于人，每天雷打不动地将自己的手表拨快十分钟，以保证自己能准时出席会议或赴约。他处事果断、老练，决不拖沓踟蹰。他曾在 17 小时内谈妥一笔 29 亿港元的交易，随即致电银行，两分钟内就安排了一笔 1.9 亿港元的贷款。他经常对下属说，早上的事，下午必须做出决定或给予答复。如果 17 小时内非常繁忙，则应在 24 小时内一定答复。正是因为比别人投入了更多的时间，才使李嘉诚赢得了众多的客户，而对时间的珍惜，又让他具有了别人所没有的超前的商业眼光。优秀的企业家绝对是有强烈的时间观念的，他们无论说话办事都非常讲究效率。李嘉诚说话从来不拐弯抹角，总是直接切入主题。他非常讨厌说话婆婆妈妈、啰里啰唆的人。那种不紧不慢、讲半天仍然不知所云的商人是不可能成功的，因为他所有的时间都浪费在说话上。在李嘉诚看来，一名合格的商人就应该具有视时间如生命的素质。熟悉李嘉诚的人都知道，他走路的速度是非常快的，虽然他现在已经是八十多岁的老人了，但是公司的年轻人跟李嘉诚一起走路也要脚步很快才能赶上他。

年轻时的李嘉诚，每天睡觉之前都要仔细地思考自己一天到底作过哪些事情，是否有虚度时光的时刻。有时候，他甚至为了偶尔一次的中午小憩，而觉得非常内疚自责，认为自己是在浪费大好时光。如今，李嘉诚没有中午睡午觉的习惯，如果实在是困得受不了，就猛喝咖啡提神。

当今职场生活已经进入了时间管理理论的时代。前几代的时间管理注重完成工作的时间和工作量，而时间管理理论则更注重个人的管理，注重目标达成，关注完成的工作是否具有有用性。时间的帕金森定理表明工作会自动地膨胀，占满所有可用的时间；80 / 20 原则表明应该把最佳的时间用在最重要的时间上，所谓“好钢用在刀刃上”。时间管理是员工的业绩之源，“时间就是金钱”的观念早已深入人心，而对于处在职场中的人来讲，做好时间管理不仅意味着丰厚的经济利益，更能令自己的事业突飞猛进。保持焦点，一次只做一件事情，一个时期只有一个重点。聪明人要学会抓住重点，远离琐碎。

时间是由分秒积成的，善于利用时间的人，才会做出更大的成绩来，

而不会利用时间的人，只会抱怨时间不够。有人说过，时间可以获得金钱，金钱却买不到时间。也有人说过，时间不能增加一个人的寿命，然而珍惜光阴可使生命变得更有价值。

所以，如果我们想要获得成功，就不要浪费时间，要积极主动地去做每一件事情。而珍惜时间的最好办法就是，在决定如何使用时间之前，先清楚自己的人生目标。只有这样，我们才会知道自己曾经做过什么，这一刻正在做什么，下一刻将要做什么，我们也将会知道如何来对待别人的时间。

用勤奋书写人生

1. 人在二十岁之前的成就百分之百是靠自己双手努力得来的；二十岁至三十岁之前，事业已有些小基础，那十年的成就，百分之十靠运气好，百分之九十还是勤劳换来；之后，机会的比例会渐渐提高；到七八十岁，运气的比例可能会占到三四成。

2. 在逆境的时候，你要问自己是否有足够的条件。当我自己处于逆境的时候，我认为我够！因为我勤奋、节俭、有毅力，我肯求知及肯建立一个信誉。

3. 怨愤而欠缺思维，只会令你更软弱、更惶恐，使你付出更大的代价和承受更大痛苦。我要把愤怒转为对自己更高的要求，和更专注解决问题

的动力。只有能面对现实的人才可征服现实，只有更加勤奋，更具观察力和韧力的人，才可改变困境，创造机会和缔造希望。

4. 一个人若自以为有许多成就而止步不前，那么他的失败就在眼前。我见过许多人，开始时挣扎奋斗，但在他们付出无数血汗，使前途稍露曙光后，便自鸣得意，开始懒惰，于是失败立刻追踪而至。他们跌倒后，再也爬不起来。

善行天下

勤劳是一个人成功的要素。李嘉诚如是说，人在二十岁之前的成就百分之百是靠自己双手努力得来的；二十岁至三十岁之前，事业已有些小基础，那十年的成就，百分之十靠运气好，百分之九十还是勤劳换来；之后，机会的比例会渐渐提高；到七八十岁，运气的比例可能会占到三四成。不敢说一定没有命运的存在，但他的成就与其所付出的努力必有极大的关系。运气只是一个小因素，个人的努力才是创造事业的最基本条件。

大凡成大器者，聪明是其一，最重要的还是勤奋，是后天不懈的努力。在艰苦环境中磨炼出来的坚强性格，以及他永不服输的精神，使他在后天的学习中表现出超常的能力。后来李嘉诚在创业中奇招百出，就是他善于观察善于学习的结果。

在商海沉浮中，白手起家、赤手空拳闯天下的能人不计其数，他们成功的机遇和经历各不相同，但他们都有一个不能忽视的共同点，那就是勤劳肯干、不怕辛劳的精神。与其他人相比他们付出了更多的努力，也收获了比他人更多的非凡成就。付出与回报在很多时候都是相辅相成的，一个懒惰不积极不上进的人，即使机遇停留在他面前，他也看不到，看到了也没有能力抓住，因为他甚至懒得伸出手来。

李嘉诚的人生是从做推销员开始出现转折的。从事推销员的工作，需要耐心、机智，更需要日复一日不停地奔波，懒惰、没有吃苦精神的人是干不了这份工作的。勤快和耐心是推销员很重要的素质之一，因为你要推销商品，就要走上街头，挨家挨户地向人推荐你的商品。我们在生活中或电视上都见过推销员的遭遇，很多消费者都不会听你的讲解，啪的一声就把门关上了，你连开口的机会都没有。当你一次次遭遇这样的打击，你很有可能就丧失了继续下去的勇气，如果你不够勤快你就会失去工作的积极性，如果你没有耐心你就会很快放弃这份工作，最终与成功失之交臂。但是，这不是李嘉诚的选择，面对一次次的推销失败，他选择的是坚持和执着。正是做推销员的经历，让李嘉诚学会了持之以恒，他相信只要努力就会有回报。事实上，在现代竞争激烈的社会，仅仅在“尽力”的层面已然不够，如果你真的想成功，想超群绝伦，就必须要“拼命”做事才可能。

现代作家、艺术家老舍曾说过：“才华是刀刃，勤奋是磨刀石，很锋利的刀刃，若日久不用磨，也会生锈，成为废物。”对于商人来说，勤奋就是做生意的磨刀石。李嘉诚认为：“做好一名推销员，一要勤勉，二要动脑。”李嘉诚当推销员时，工作虽然异常繁忙，但早年失学的他仍用工余之暇到夜校进修，补习文化。勤奋好学，抓紧时间抢学问。

没有付出，就不会有回报。一位智者说过：“一个人的身心就像磨盘一样，如果麦子放进去，它会把麦子磨成面粉，如果你不把麦子放进去，磨盘虽然也在照常运转，却不可能磨出面粉来。”只有辛勤的劳动才会创造出美好的未来。俄国彼得大帝通过艰苦努力才得到皇位，他曾在伊斯提亚铸铁厂细心地揣摩学习，用自己的汗水来换得等价的回报。直到现在，伊斯提亚铸铁厂还陈列着一根彼得大帝铸造的铁棒，上面还刻有他的名字，以此作为对亲自参加工作的这位伟大君主的纪念。这让每个俄国人民都懂得了一个深刻的道理：一个国家要永久地繁荣富强，无论是农民还是沙皇，都要勤奋工作，因为辛勤劳动是生存之所要，也是生命的意义之所在。

用勤奋书写人生，勤奋是成功的阶梯，没有勤奋做基础累积起来的财富是无法长存的，因为没有经历过艰苦的奋斗，人就不会意识到成功的来之不易，就很容易滋生骄奢淫逸的坏习气。假如这样的企业再没有经营财富的能力和本领，就更加无法利用现有的基础创造更多的价值，那再多的财富在它面前就是“0”，就是一无所有。只有在珍惜现有财富的基础上，并一如既往地保持艰苦奋斗的作风，企业才能取得事业的步步攀升。

天下没有免费的午餐。欲取得杰出的成就离不开个人奋发向上的辛勤实干，任何杰出成就都与好逸恶劳的品行无缘。没有辛勤的汗水，就不会有成功的喜悦与幸福。李嘉诚把个人的努力，看做是一个人能否成功的决定性因素。俗话说，勤能补拙是良训，一分辛苦一分才。可见，用勤奋书写人生，无论是求学还是做事业，勤奋都是永远的主题，离开勤奋人是不太可能得到杰出成绩的。

审时度势，敢为人先

1.抓住时机首先要掌握准确资料和最新资讯，而能否掌握时机是看你能否在适当的时候发力，走在竞争对手之前。时机的背后最重要的因素，就是知己知彼。

2.做生意的过程既是钱与钱的交易过程，也是心理与心理的斗争过程，就像打牌的人，永远要具有超前的眼光预测下一步牌的走势，分析牌面可能出现的状况。做生意的人，同样也需要具备超前的意识，从长远的角度看问题。这种做法不但有利于经商，而且更有利于锻炼商人，使他们懂得经商过程中有比钱更重要的东西。

善行天下

第一个品茶的人，尝到了人间至醇的清香；第一个踏上美洲大陆的人，得到了世上最大的荣耀与财富；第一个登上阿尔卑斯山的人，领略到了世间英伟的风景。

在商海中，做生意就好比赛跑，一定要以最迅捷的反应，紧紧追上机遇，这种快速式进攻之法，并非人人能够掌握，而是深谙其道者所为。要抓住时机，就要先掌握准确资料和最新资讯，并在适当的时候发力，走在竞争对手之前。

李嘉诚之所以能在商海中卓越超群，离不开他对时局敏锐精准的把控与其过人的市场动向观察力。1950 年夏，22 岁的李嘉诚创立了长江塑料厂。他之所以要创建这个工厂，是因为他事先对国外的这个行业做了详细的分析和调查，并进行了仔细思考和观察。他预感全世界会兴起一场塑料革命，而当时的香港，塑料业是一片空白。

当长江塑料厂经营到第七年的时候，李嘉诚开始在世界范围内寻找商机。一天，他翻阅英文版《塑料杂志》，读到了一则简短的消息：意大利一家公司已开发出利用塑料原料制成的塑料花，并即将投入生产，向欧美市场发动进攻。他立即想到另一个消息，那个消息说欧美人生活节奏加快，许多家庭主妇正逐渐成为职业妇女，家务社会化的需求越来越强烈。他于是推想，欧美家庭都喜爱在室内外装饰花卉，但是快节奏使人们无暇种植娇贵的植物花卉。塑料插花可以弥补这一不足。他由此判断，塑料花的市场将是很大的。因此，必须抢先占领这个市场，不然就会失去这个机遇。

正当李嘉诚全力拓展欧美市场的时候，一个重大的机遇出现了。一位欧洲的大批发商在看到了李嘉诚公司的产品样品后，对长江塑料厂产生了兴趣。李嘉诚把握住了这个机会，长江公司很快占领了欧美市场的主要份额。仅 1958 年一年，长江公司的营业额就达一千多万港元，纯利一百多万港元。塑料花使长江实业迅速崛起，李嘉诚也得以成为世界“塑料花大王”。

而随后许多投资者都闻风纷纷投入到塑胶行业，一时间大量塑胶花工厂涌入塑胶产品市场。就在这时，敢为人先的李嘉诚预料到塑胶行业隐伏着危机，立即决定放弃现有收益颇丰的塑胶花市场，转行玩具行业。不久后，跟风而起的塑胶花工厂大都赔得倾家荡产，而李嘉诚已经在玩具行业取得新的经济增长点，获利数千万港元。

敢为人先的性格让李嘉诚先人一步；审时度势的分析又使得李嘉诚可以趋利避害，抓住机遇。

2008 年开始的全球金融风暴让众多内地与香港富豪纷纷倒下的时候，人们吃惊地发现，“超人”李嘉诚仍然幸免于股灾，这不仅因为李嘉诚的幸运，更是由于他审时度势，思考未来的意识所致。李嘉诚自 2007 年起，就在公众媒体上提醒大家谨慎投资。在此次全球性的金融风暴中，李嘉诚展示出了过人的市场动向观察力。他早在全球金融风暴之前便大手笔减持手中的中资股，回笼资金至少上百亿港元，另外在产业布局方面，他也提前开始了必要的调整。并时刻注意其旗下的长江实业，注重降低负债率，更可贵的是，李嘉诚在 2008 年前 6 个月便完成了全年的房产交易生意，从而有充足弹药过经济严冬。

一个公司的反应速度越快，那么它的竞争力就会越强。生意人要善于抓住时机，一旦时机成熟，就像猛兽下山、饿虎扑食般迅速采取行动。商人对市场行情、信息如数家珍，市场预测也做到深思熟虑，再加上有利的组织决策，果断地进行战略决策，才能抓住商机，否则就会贻误商机，失去许多发展机会。李嘉诚说：“机遇有了，最要紧的就是你要充实，多了解外面的情况，无论政治、经济，最新的行情你都要尽量知道，这样，机遇来的时候才能有能力去抓住它。”

历史上的成功者之所以成功，是因为他敢于主动进攻，敢为人先，善于抓住眼前稍纵即逝的机遇。有句成功箴言这么说：我们多数人的毛病是，当机会朝我们奔来时，我们兀自闭着眼睛。机遇历来都不会落在守株待兔者的头上。几乎没有人能够去追寻自己的机会，甚至在绊倒时，还不能见着它。但苹果公司前CEO乔布斯就不是个守株待兔的人，他不但是卓越的领导者，更是一位善于抓住机会的聪明猎人。超前意识和审时度势的观察力成就了乔布斯，也成就了“苹果帝国”。

在每个人的一生中都会有机遇降临的时候，但盲目地等待机遇，只能算是守株待兔的愚蠢行径。我们不知道机遇什么时候来，也就不必伸长了脖子等，活在当下，把眼前的工作做好，努力学习，不断积累自己的经验和知识，等到机遇来临的时候自然就能好好把握，做出一番大事业。人生中，最重要的事情是自己的成长，拥有审时度势、敢为人先的品质，才能助你借着机遇的翅膀在人生中翱翔。

快一点就是赢

1.在剧烈的竞争当中多付出一点，便可多赢一点。就像参加奥运会一样，你看一、二、三名，跑第一的往往只是快了那么一点点。

2.我每天90%以上的时间不是用来想今天的事情，而是想明年、五年、十年后的事情。

3.生意的大门总是向有心人敞开的。如果在竞争中，你输了，那么你输在时间；反之，你赢了，也赢在时间。

4.无论我晚上几点睡觉，我都在早晨固定的时间醒来（5点59分），因为要听早晨的新闻。

5. 我们要和对手相比，知道自己的优点与缺点。尤其，我们更要看到对手的长处。人们经常花很多时间去发掘对手的缺点，其实看对手的长处更为重要。

6. 每天清晨不到6点就起床，先运动一个半小时，打高尔夫球，然后开始工作；晚上睡觉前是固定的看书时间；中午不睡午觉，如果觉得困了，会喝点咖啡。很少上网，电脑主要是用来看公司的资料。精神来自兴趣，你对工作有兴趣就不会累。

善行天下

如今，要想在变幻莫测的商海中取得一席之地，具备时刻走到别人前列的领先地位是至关重要的。否则，一旦失去先机，不幸落在了对手的后面，要想追赶上，就需要花费更多的努力与艰辛，造成不必要的损失，实在是得不偿失。

李嘉诚认为，珍惜时间就是珍惜生命，人的生命是有限的，珍惜时间会让我们终身受益。古今中外，凡是有所成就的人物，在对待时间上一定是非常吝啬的，能用一分钟完成的事情，他绝对舍不得花两分钟。我们说时间就是生命，浪费自己的时间就是浪费生命，那浪费别人的时间呢？就是谋财害命了。这样的说法听来或许一时很难接受，但仔细想想，确实是这个道理。所以，我们不仅要珍惜自己的时间，还要珍惜别人的时间，在与别人有约的时候一定要守时。美国首任总统华盛顿，就是一个具有强烈时间观念的人。他的许多下属都领教过他严守时间的作风，他约定好的时间，所有人都必须按时赶到，分秒也不能差。有一次，华盛顿的秘书开会迟到了两分钟，秘书解释说是他的手表不准，华盛顿严厉地说道：“或者你换一个手表，或者我换一个秘书。”

快一点的做事风格不仅体现在先发制人，在企业出现问题时，也应该学会亡羊补牢，快速给出应对之策，以求后发先至。乔布斯在开发最初的 iMac 时就成功完成一次完美逆袭。当时，他关注的是管理用户的图片和视频，在音乐处理方面则落后于对手。人们经常习惯用个人电脑下载和交换音乐，刻录 CD。而苹果 iMac 的插槽式驱动器居然无法刻录 CD。乔布斯说："我就像个傻子，我们把它漏掉了。"

不过，乔布斯并没有简单地给 iMac 装上一个 CD 驱动器就完事，他决定创造一个一体化系统，以求改变整个音乐行业。于是，便有了 iTunes、iTunesStore 和 iPod 这个组合，用户利用它们可以更方便地购买、分享、管理、存储和播放音乐，这是任何其他设备无法比拟的，改变了整个音乐电子行业。

iPod 大获成功，但乔布斯并没有沾沾自喜。他开始担心什么会对它构成威胁。一种可能性是，手机生产商在手机上安装音乐播放器。于是，2007 年，他开发出了第一代 iPhone，虽然这个举措蚕食了苹果的 iPod 的销量，但他说："如果我们不蚕食自己，也会有其他人这样做。"

乔布斯就是一个先行者。在体验苹果的产品，无论从配色、细节和操作方式上，观察下来都给人以强烈的现代感，甚至是未来感。而 iPhone 的面世，更为未来的数字产品行业带去了新的概念。这一切，都充分满足了现代人渴求时尚、便捷、潮流生活的需求。乔布斯不仅收获了市场，而且，又一次依靠创新，依靠其敏锐的超前意识，使得苹果产品能站在同行业中较为有利的位置，进而改变了整个数码通信行业。

李嘉诚说："今天在竞争激烈的世界中，你付出多一点，便可赢得多一点。好像奥运会一样，只要快一点，便是赢。"做生意讲究机遇，在机遇来临之前你要做好充分的准备，只有保证自己永远是跑在最前面的那一个，你才会成功。而做准备就是要在与别人同样多的时间里，冷静分析行业情形，高瞻远瞩早做准备，因为快一点就是赢。

要快，更要懂得忍耐

1.作为一个领袖，第一最重要的是责己以严，待人以宽；第二，要令他人肯为自己办事，并有归属感。在二三十人的企业，领袖走在最前端便最成功。当规模扩大至几百人，领袖还是要去参与工作，但不一定是走在前面的第一人。机构大必须依靠组织，否则，便迟早会撞板，这样的例子很多，百多年的银行也一朝崩溃。

2.人生自有其沉浮，每个人都应该学会忍受生活中属于自己的一份悲伤，只有这样，你才能体会到什么叫做成功，什么叫做真正的幸福。

3.工商管理方面要学西方的科学管理知识，但在个人为人处事方面，则要学中国古代的哲学思想。不断修身养性，以谦虚的态度为人处事，以勤劳、忍耐和永恒的意志作为进取人生的战略。

忍耐是一种心态，是一种以宽广的胸怀和平和的心态看清人世沧桑的更高境界；忍耐是一种力量，是一种隐形的坚强，是一种平静的突破。

忍耐可以促使你的身心成熟，为未来的成功积蓄力量，创造机会。昔日韩信曾受“胯下之辱”，但他展现出的巨大忍耐力奠定了他在楚汉历史上的分量与地位。司马迁受宫刑后，生理上和心理上遭受了双重打击，但他忍辱负重，是忍耐帮助他完成了旷世之作《史记》。

老子曰：大直若屈，大巧若拙，大辩若讷。”只有能忍受当前的困苦和难处，才能安全地度过当前的艰辛阶段，忍苦而后得乐。

做事业也是如此，万事开头难。每个人在创业的初期，因为经验不足，经营的各个环节也不熟悉，很容易遇到挫折。再加上没有生意伙伴的互相扶持，相反还会遭到同行业其他商家的排挤，压力会很大。这时耐心的品格就显得异常重要了。李嘉诚在开始创业的时候就明白，困难是做事业的必经之路，必须耐着性子加以克服。所以他在这个阶段懂得忍耐，同时积累很多的经验。耐得住失败的打击，经受住艰难困苦的折磨，遇事自然就变得从容镇定，企业也可以转向快速发展的车道了。我们现在看到的身经百战的李嘉诚办起事来轻车熟路，当年的忍耐是少不得的。

李嘉诚在投资地产界之后，不管是他出手还是不出手，他其实都处在一种忍的状态，动静其实都在忍。这个很奇怪，他在不断地等一个状态，等一个时机。比如说他在塑胶厂的时候，他在忍耐；塑胶厂生意获得丰厚的利润，也是由于他的细心观察，准确把握时机，才实现他目标的那些机会。当李嘉诚进军地产界的时候，整个地产的大势开始动荡，然后迅速下滑。他通过独有的眼光觉得机会来了，机会来了他就当机出手，与此同时，

细心的你会发现，在这个投资计划付诸行动后，李嘉诚与他的事业又处在一个极大的新的压力下。因为每一天楼市都在跌，每一天都曝出无数条楼市还要继续跌的消息，但是，李嘉诚坚持他自己对市场的判断力，把他塑胶厂盘出来的所有积蓄，继续往楼市里放，这又是一个巨大的忍耐。为什么说称李嘉诚先生为“忍者神龟”呢？因为他有一个坚硬的壳来抵御住周围大势给你的压力。我们也会发现，在李嘉诚的事业一步一步走向越来越宽阔的道路的时候，他的忍耐力丝毫未减弱。

一个成功的领导者，很好的耐性是必不可少的。李嘉诚在忍耐品行上堪称表率。首先，在教导员工的时候他很有耐心，经常仔细地慢慢讲给他们听，给他们时间去理解。他懂得如果他自己很急躁，并且怒气冲冲、大发雷霆，那下属们自然会诚惶诚恐，带着巨大的压力去学习，去领悟，这样做效率会更低，李嘉诚所期待的目标也就达不到了。另外，在听取员工意见的时候他也很有耐心，就算他认为员工的见解没有一丝可取的地方，完全是错误的，他依然会耐着性子听他说完。因为他很清楚中途打断别人话语的后果：一是会给人以不尊重员工的坏印象，会对自己的个人形象带来影响。二是有些人的意见虽然前面的部分没有什么意义，但是后面却可能会有许多真知灼见，如果打断了他的话，后面的部分就听不到了，这肯定是自己的损失。而其他员工看到自己粗暴的态度，下次再有意见也不敢提了，这种做法实在是极其不明智，得不偿失的。

君子有所忍有所不忍，在利于大局的情况下，忍耐是一种智慧；在鸡毛蒜皮的小事上，忍耐是一种涵养；在人际交往中，忍耐是一种气度。机会存在于忍耐之中。对于垂钓者而言，最好的进攻方式就是忍耐。大机遇往往就蕴藏在大忍耐之中。俗话说，忍一时风平浪静，退一步海阔天空。在生意场上和竞争对手相处，也要有耐心。今天你的对手使坏让你遭了损失，你很生气，明天后天你也想“反馈”他一下。这样下去的后果是鱼死网破，是无休无止，是两败俱伤。反之，如果你能把这口气忍下去，不跟对手计较，宽容他的过错，不仅自己的境界提高了，对手也会在你的面前自惭形秽，心存愧疚。小事能忍，大事也要能忍，慢慢地一步步提升，心性就会一天比一天平静，做人做事都会获得巨大的成功。要想事业得到成就，漫长的等待和艰辛的忍耐是必不可少的，因为忍耐也是一种快乐，懂得忍耐，抓住机遇的你一定会有更大的回报。

高效能自我管理

1.企业家要扮演好管理者的角色，首先要学会自我管理，只有将自己管理好了，实施起企业的管理方案来，才能有理有据，各项命令的下达才具有可执行性。

2.自我管理是一种静态管理，是培养理性力量的基本功。在人生不同的阶段，要经常反思自问，我有什么心愿？我有宏伟的梦想，但我有没有面对恐惧的勇气？我有信心、有机会，但有没有智慧？我自信能力过人，但有没有面对顺境、逆境都可以恰如其分行事的心力？你的答案可能因时、因事、因处境，审时度势而有所不同，但思索是上天恩赐于人类捍卫命运的盾牌，很多人总是把不当的自我管理与交厄运混为一谈，这是很消极无奈和在某一程度上是不负责任的人生态度。

3. 做好管理者的首要任务是自我管理。在我看来，要成为好的管理者，首要任务是自我管理，在变化万千的世界中，发现自己是谁，了解自己要成为什么模样，建立个人尊严。

4. 第一，管理人员特别要花心思在脆弱环节；第二，在任何组织内，优柔寡断者和盲目冲动者均是一种传染病毒，前者的延误时机和后者的盲目冲动均可给企业在一夕间造成毁灭性的灾难。

像拿破仑、达·芬奇、莫扎特这样的伟人都是自己管理自己的。善于自我管理在很大程度上也是他们功成名就的原因。今天，越来越多的人都面临着“自我管理”的挑战，需要学会如何发展自己，学会选择适当的方法和时机改变他们所做的工作以及工作方法、工作时间。

李嘉诚曾自述说：“想当好的管理者，首要任务是知道自我管理是一项重大责任，在流动与变化万千的世界中，发现自己是谁，了解自己要成为什么模样，是建立尊严的基础，儒家之修身、反求诸己、不欺暗室的原则，西方之宗教教律，围绕这题目落墨很多，到书店、在网上自我增值的书和秘诀多不胜数。”

“自我管理”对于一个商人来说，永远是一门重要的必修课，因为其中包含着一个商人成功的要诀。李嘉诚曾经给自己规划日常管理的八个要点是：

（1）勤是一切事业的基础。要勤奋工作，对企业负责、对股东负责。

（2）对自己要节俭。对他人则要慷慨。处理一切事情以他人利益为出发点。

（3）始终保持创新意识。用自己的眼光审视世界，而不随波逐流。

（4）坚守诺言，建立良好的信誉。一个人良好的信誉，是走向成功不可缺少的前提条件。

（5）决策任何一件事情的时候，应开阔胸襟，统筹全局。一旦决策之后，则要义无反顾，始终贯彻一个决定。

（6）给下属树立高效率的榜样。集中讨论具体事情之前，应提早几天通知有关人员准备资料，以便对答时精简确当，从而提高工作效率。

（7）政策的实施要沉稳持重。在企业内部打下一个良好的基础，注重培养企业管理人员的应变能力。决定一件事情之前，想好一切应变办法，而不去冒险盲进。

（8）要了解下属的希望。除了生活，应给予员工好的前途，并且，一切以员工的利益为重，特别在年老的时候，公司应该给予员工绝对的保障，从而使员工对集团有归属感，以增强企业的凝聚力。

这八个要点，堪称李嘉诚的成功要诀。

李嘉诚知道没有知识就改变不了命运，没有本钱更不能好高骛远，他还经常会记起祖母的感叹："阿诚，我们什么时候能像潮州城中某某人那么富有？"李嘉诚22岁成立公司后知道，光凭忍耐、任劳任怨已经不够，成功也许没有既定的方程式，失败的因子却显而易见，建立减低失败概率的架构，才是走向成功的快捷方式。知识需要和意志结合，静态管理自我的方法要伸延至动态管理，理性的力量加上理智的力量，问题的核心在于如何避免干愚蠢的事。李嘉诚在创业初期因资金不足，只雇用了一些经过短暂培训的工人进行生产，结果产品的质量极为粗劣，很多客户前来退货，要求赔偿；原料商闻讯也扬言停止供应原料，银行这时也派人来催贷款。李嘉诚的塑胶厂遇到前所未有的困难。"四面楚歌"的李嘉诚向银行、原料商、客户负荆请罪，该赔的赔，该退的退，积极挽回每一分损失，妥善处理每一个问题。正是因为李嘉诚一贯口碑极好的自我管理使他有惊无险地渡过了这次难关。李嘉诚认为灵活的制度要以实事求是、能自我修正的机制为基础，在张力中释放动力，在信任、时间、能力等范畴内建立不呆板、能随机应变的自我管理制度。

我们都应该向李嘉诚学习，在人生的每个阶段都建立起自我管理的硬指标，这个指标必须是雷打不动的，要不折不扣地完成。这里的指标，就是我们对自己人生的规划。生命的长度是有限的，你第一个阶段的指标没有完成，就会占用第二个指标的时间，拉长第二个指标完成的周期，这样一来，人生的所有阶段都会被耽误，最终无法实现你的理想。

很多人在遭遇失败的时候，都喜欢怨天尤人，找很多的理由来搪塞，唯独不在自己身上找原因。觉得自己什么都好，就是外界因素不配合，抱怨自己运气不佳，我们要明白这是自我管理的失败，不能与交厄运混为一谈。前面已经说过，在影响人成功的因素中，运气占的比例很小，绝大部分都是由于自身能力不足。自我管理即严格地要求自己，不仅在大事上要严格，在小事上也要严格。人给自己设定的自我管理的硬指标就像抗洪的堤坝一样，一旦出现缺口就要立即堵上，如果堵得不及时，就会出大问题。所谓“千里之堤，溃于蚁穴”，我们每天都要反省自己的过失，知错就改，才能及时堵住每一个缺口，以求人生走得稳、行得正。

建立自我管理的硬指标，还要把这些指标落到实处，不能只是空谈。我们很多人都写过学习计划书、工作计划书、保证书等，但是又有多少人能真正按照那些计划和保证去做呢？很多时候我们都是三分钟的热度，没几天就坚持不下去了，到最后连计划书在哪里都不记得了。

一个成功的企业家，他绝对是一个自我管理的高手，只有严格要求自己的人，他的人生才能朝着预期的方向发展，梦想才能实现。

第七话

学习本无底，前进莫彷徨

我们身处瞬息万变的社会中，全球迈向一体化，科技不断创新，先进的资讯系统制造新的生活方式、新的财富、新的经济周期。我们必须掌握这些转变，应该求知、求创新，加强能力在稳健的基础上力求发展，居安思危。无论发展得多好，你时刻都要做好准备。财富源自知识，知识才是个人最宝贵的资产。

依靠知识让自己提升

1.家父去世时，我不到15岁，面对严酷的现实，我不得不去工作，忍痛中止学业。那时我太想读书了，可家里那么穷，我只能买旧书自学。我的小智慧是环境逼出来的，我花一点点钱，就可买来半新的旧教材，学完了又卖给旧书店，再买新的旧教材。就这样，我既学到知识，又省了钱，一举两得。

2.今天社会已容不下滥竽充数的人,这对每一个人来说都是沉重的压力。我们现在是一个范式转移的关键时刻，知识就是人最核心的价值。

3.就我本人来说，作为企业家，就算有很多弱点，但我也有一些优点。我喜欢不断地学习、创新和努力工作。这可以说是我事业持续扩大的秘诀。

我一直是一边紧盯核心事业的重点领域，一边为了扩展事业而不断探索其他新领域。我认为企业家要尽可能少地把精力和时间花费在交流上，要用更多的时间来培养自己学习、研究、判断的能力，这是决定竞争优势的东西。

善行天下

现代社会，竞争一天比一天激烈，知识更新一天比一天快，一个人要想有好的前途和发展，单单靠工作八小时以内的努力已远远不够，必须珍惜八小时以外的时间，借别人花在休息、娱乐、应酬的时机，加强自身的专业学习和技能提高。正所谓8小时以内求生存，8小时以外求发展。我们常常听到身边的朋友抱怨每天工作忙忙碌碌，周末还要陪家人，根本没有时间去学习，去提高。其实，要想有所提升，需要用心态来调整，需要那颗想学习的心。处处留心皆学问，如果有心的话，时间就像是海绵里的水，挤挤总会是有的。

李嘉诚成功的奥秘就在于时时刻刻都抓紧有限时间去学习。他一生都在通过不断学习来提升自己。他少年时期积累下来的知识与好学之心为他以后的事业奠定了坚实基础。可以说，知识就是力量，知识可以产生智慧，知识可以改变命运，知识可以成就梦想。

李嘉诚对自己14岁以前的求学、求知经历，有过这样的感叹：“少年时期学到的知识弥足珍贵，令我终身受益。”

李嘉诚出生在一个书香世家。少年的李嘉诚受家学溯源的影响深刻而久远，很多优秀品德得益于小时候的经历。李嘉诚从小受到了中国传统文化的熏陶。李嘉诚5岁时入小学念书。年幼的李嘉诚不满足先生教授的诗文，他凭着强烈的求知欲进行了更为广泛的阅读。他经常沉醉于那些千古流芳的爱国诗篇。在李嘉诚年少的心里，民族文化和民族精神早已深深扎根了。李氏家族的古宅，有一间珍藏图书的藏书阁，李嘉诚每天放学回家，便在这间藏书阁里孜孜不倦地阅读诗文，因此他的表兄弟们称他为“书虫”。李嘉诚年少时，经常秉烛夜读，特别刻苦。

李嘉诚在这求知的氛围中，读完了小学，完成了对他一生都有深刻影响的国学知识的汲取，同时也坚定了他的爱国情操，这为他以后的发展与成功奠定了坚实的基础。

李嘉诚荣膺世界华人首富以后，并没有退休养老的打算，他仍在不断地学习，每天坚持在办公室里工作。他是一位真正身体力行“活到老，学到老”的杰出企业家。他说：“不读书，不掌握新知识，不提高自己的知识，靠吃‘老本’潇潇洒洒过日子，是旧时代不少靠某种机遇发财致富的生意人的心态，如今已经不可取了。”

李嘉诚还说：“在知识经济的时代里，如果你有资金，但是缺乏知识，没有最新的信息，无论何种行业，你越拼搏，失败的可能性越大。但是，你有知识，没有资金的话，小小的付出就能够有回报，并且很可能取得成功。现在跟数十年前相比，知识和资金在通往成功路上所起的作用完全不同。知识不仅包括课本内容，更包括社会经验、文明文化、时代精神等整体要素。”

身在职场中的你，要想在激烈竞争中胜出，是一定需要不断地充电、不断地以新的知识和技能充实自己，才能够实现的。

通过学习而掌握更多的知识是职场中人充电的主要手段，无论从事任何职业，都必须不断地学习、不断地提高自己对社会的认知能力，不断地掌握全新的资讯和全新的职业技能。

有观点曾言，未来社会只有两种人：一种是忙得要死的人，另外一种是找不到工作的人。出现这一现象的一个重要原因，就是因为就业竞争加剧了知识的折旧。美国有专门的机构调查结果显示，现在职业半衰期越来越短，所有高薪者若不学习，5 年后就会变现成低薪者。

学习也是任何初涉职场员工的第一堂课，“只因准备不足才导致失败”这样一句格言可以在无数失败者的墓碑上。因为在现实中有些人虽然付出了心血和努力，但由于在知识和经验上准备不足，一切机遇瞬时化为泡影，到头来仍然达不到目的，以实现成功的梦想。很少有人能够具备与生俱来的工作能力，真正优秀的员工大多数都是在工作中不断积累经验、不断学习而逐步成功的。

作为一个员工，首先，不论是在职业生涯的哪个阶段，学习的脚步都不能停歇，要把工作当作是学习的殿堂。通过工作不断学习，才能提高自己的实际能力。其次，要有明确的学习目标。职场中的学习一定不要盲目，因为知识的海洋是无限的，人的生命是有限的，把有限的生命投入到无限的知识的海洋中，是很愚蠢的事情。要先筛选学自己认为最有用的、最急缺的知识，及时掌握和学习最新的理念和知识。有了明确的学习目标，还要将其张贴出来，放在你随时能看到的地方，既是对自我的一种提醒，同时也可审视自己的行动。在工作过程中，要向别人多学习，多请教。这个社会真正有大学问、大能耐的人，都是很谦逊的。就像稻田里的稻穗一样，越是籽粒饱满的，头低得越低。不要小瞧了身边的任何一个人，每个人身上都会有你值得学习的地方。最后要善于总结，懂得学以致用。真正的成功之母不是失败，而是反省、总结。人非圣贤，孰能无过。我们不怕犯错误，怕的是不知道错在哪里，更怕的是知道自己错在哪里，却不知悔改。

学以致用，用实践来检验真理。要相信，怀才不遇就像十月怀胎一样，时间久了，总能看出来的。很多人爱学习，却不爱复习，更不爱练习，最终也没有出息。所以，在没有坚持到一定程度的时候，千万不要说，学习没有用，不是学习没有用，因为你没在实践中应用，所以你感觉没用。

对于所有公司而言，员工的知识是最有价值的财富。卓越的员工时刻警示自己："逆水行舟，不进则退。"只有在工作中不断地让自己得到提升，才能保证不落后于时代，才能始终稳操胜券。

学习是一生的事业

1.有记者问李嘉诚："今天你拥有如此大的商业王国，靠的是什么？"李嘉诚回答："依靠知识。"问："李先生，你成功靠什么？"李嘉诚毫不犹豫地回答："靠学习，不断地学习。"

2.创业的过程，实际上就是恒心和毅力坚持不懈的发展过程，其中并没有什么秘密，但要真正做到中国古老的格言所说的勤和俭也不太容易。而且，从创业之初开始，还要不断学习，把握时机。

3.科技世界深如海，正如曾国藩所说的，必须有智、有识，当你懂得一门技艺，并引以为荣，便愈知道深如海，而我根本未到深如海的境界，我只知道别人比我们快几十年，我们现在才起步追，有很多东西要学习。

4. 具有判断力是成功的重要条件。凡事要充分了解，详细研究，掌握准确资料，自然能做出适当的判断。求知是最重要的环节，今天我仍然继续学习，尽量看看新兴科技、财经、政治等有关的报道，每天晚上坚持看英文电视，温习英语。

善行天下

我们生活在一个学习决定命运的时代。这是一个信息大爆炸的时代，知识技术日新月异，现在所掌握的知识很快就会被社会淘汰，如果我们抱残守缺、坐吃山空，迟早也会被社会淘汰，所以无论对个人还是企业，学习如同一日三餐，万万省不得。

李嘉诚指出，不会学习的人就不会成功；不会总结的人就难以战胜失败。正因为如此，李嘉诚一直以不断学习和不断总结作为自己毕生要追寻的人生理念。进而不断督促自己，不断前进，不断进步。李嘉诚认为人生是一个不断学习的过程，直到今天，年过八旬的他依然在坚持不懈地学习，依然坚持从中英文报刊上吸收各种知识。

一次，长江实业的一位高级职员曾经将一篇有关于李氏王国的翻译文章送给李嘉诚看，李嘉诚一看立即便说："这不就是《经济学家》里面的那篇文章吗？"原来，李嘉诚早已翻阅过原文。

有学者评价李嘉诚说"他是跃进到现代化的永无止境的变动之中的人"。从清贫困苦的学徒少年到"塑胶花大王"，从地产的大亨到股市的大腕，从商界的超人到知识经济的大家泰斗，从行业的至尊到现代高科技的先行者……李嘉诚一路走来，在抓住商机，获取巨大的财富的同时，他的成功离不开他一生的学习理念。他一生勤奋学习，博览群书，靠知识引导前行，敢于不断尝试新的未曾涉猎的领域，并屡有丰厚的斩获。他的每一次战略抉择，既能适应产业、行业趋势的变迁，又能够推动社会的进步和发展。

对现代企业及员工来讲，不学习不仅是停滞不前，更意味着倒退。“活到老，学到老”成为贯穿一个人一生的行为，无论处于什么环境，无论从事什么职业，也不论掌握了多少知识与技能，学习对于我们来说，永远都只是开始，而绝不会是结束！对于学习来说，时间、年龄都不是影响学习效果与成就的因素，最重要的是怀有一颗“学习之心”。

通用电气公司（GE）首席教育官、GE 发展管理学院院长鲍勃·科卡伦在《我们如何培养经理人》一文中提出：

在 GE 内部，一旦你进入了公司，你是来自哈佛大学，还是一个不起眼的学校并不重要。因为一旦你进入公司，你现在的表现比你过去的经历更重要。

如果你从事一项新工作，你做得不是太好，没关系，我们知道你在学习，你能追上来。我们希望人们的表现高于一般期望值，工作得很出色。不过期望值不是一成不变的，期望值会随时间而变化。如果你停止学习，一段时间内一直表现平平，而期望值因为竞争的关系，因为客户需求，因为技术进步而上升，而你却不再学习，你就可能被淘汰。要知道在企业，期望值年年上升。如果你今年销售额达到 2000 万美元，明年就要达到 2200 万美元，而在接下来的年头，你需要做更多。

如果你停止学习，从个人的角度看这个问题，就像水在涨，而你就站在那里，你不会游泳，就被淹死了。这对你个人和事业来说都是一件坏事。要想在这个时代保持清醒，学习是唯一的方式，学习是保持知识更新、适应时代发展的必然选择，不是一朝一夕的事情，因此，必须通过持续的努力追求进步、追求卓越。要使学习成为一种习惯，只有这样，你才能真正成为现代职场上的一块永不断电的电池。

希尔成名后，每天都能收到很多来自世界各地的仰慕者的信件，光是回信就让希尔应接不暇。为了提高效率，希尔聘请了一个高中毕业的女孩露西作速记员，她的任务是拆信，读信给希尔听，记录希尔口述的回信，然后寄信。她在希尔的公司里面是学历最低的，同时也是收入最低的。也正是这个原因，露西经常被呼来唤去。露西似乎并不在意自己的处境，并且看起来每天都很开心，并且很努力。除了做好本职工作外，她还尽自己所能帮助别的同事做事，另外她不断阅读大量书籍，研究希尔写文章的风格。有一天，当她读完一封来信后，鼓起勇气对希尔说：先生，你能听听如果我是你，我将如何回信吗？希尔听完她的回信后很吃惊，不但文风与自己极像，有些地方甚至超过了自己，又让她回了几封信，后来，干脆就让她以希尔的名义回信，希尔自己只负责签名就行了。再后来，她升任希尔的助手（地位仅次于希尔），因为太能干，别的公司不断以高薪来挖她，而希尔又离不开她，怎么办？只好不断地加薪留她。再后来，由于露西的执着、善解人意，希尔被她深深地吸引并且最终娶了她。

露西成功收获爱情在于她懂得在工作中不断学习，这一切不仅是为公司，为老板，更重要的是为了自己，为了提升自己的能力和身价——她要使自己变得对上司、对公司极有价值，从而让自己的职业和事业得到更好的发展。

磨刀不误砍柴工，你不仅仅要为你现在的职业而努力学习，也应当为你未来的梦想而努力学习。人生就是不断成长、不断完善的过程，不断学习就是自我完善的最佳途径。

学习是我们提高素质、获取成功的唯一途径，学无止境，只有随时学习、终身学习，持之以恒，日积月累，我们才能成为有成就的人。

勤读书以顺应时代

1. 身处在瞬息万变的社会中，应该求创新，加强能力，居安思危，无论你发展得多好，时刻都要做好准备。

2. 我从不间断阅读新科技、新知识的书籍，不致于因为不了解新信息而和时代潮流脱节。

3. 一个人只有不断地填充新知识，才能适应日新月异的现代社会。不然你就会被那些拥有新知识的人所超越。

4. 知识是发明及开创未来的基础，可以推动蓬勃的经济商机，让人有更好的机会及选择，让人更能认识权利与责任。在知识经济下，新科技的发展创造了很多前人不可能梦想的机会。

善行天下

联合国教科文组织的埃德加·富尔先生预言："未来的文盲，不再是不识字的人，而是没有学会怎样学习的人。"现代人才学中有一个理论叫做"蓄电池理论"，认为人的一生只充一次电的时代已经过去，只有成为一块高效蓄电池，进行不间断地、持续地充电，才能不间断地、持续地释放能量。

社会发展的日新月异、知识更新换代的加速与个人闲暇读书学习时间逐减、私人空间过度挤占的矛盾日益突出，我们更需要想方设法多读书、勤读书快速"充电"、弥补"短板"，如此才能头脑充沛、视野广阔、见识远卓地为人处世、待人接物、开展工作，常立于不败之地。世界科技发展大潮汹涌，与世界同步发展的机遇，最终没有逃脱被世界潮流淘汰的厄运。古训可鉴，在当今知识经济时代忽视科技知识的学习，创新力就会枯萎。对于企业而言，创新能力是持续发展的灵魂，因为创新是知识经济的本质特征。在李嘉诚的字典里，不但要在分秒钟抢知识，抢学问，还要在读书中掌握新信息，需求新角度，培养自己的新思维，以勤奋读书学习来顺应当今瞬息万变的信息时代。

不断挑战自我，永不放弃学习，使得李嘉诚在众多的领域里都能进入最高境界。对于不断变化的信息化世界，李嘉诚也不忘阅读新科技、新知识的书籍，在书中汲取养料，在书中寻求机遇，在书中顺应时代变化的潮流。

李嘉诚的学生时代在十四岁时就被迫结束了，但他一直没有放弃学习。初到香港，李嘉诚学香港话、学英语都非常刻苦，他知道自己必须融入这个社会才能生存，这种坚忍不拔的精神让他很快掌握了这两门语言，为日后的工作提供了很多方便。李嘉诚曾给自己定下新目标——利用工余时间自

学完中学课程。他年少位卑，骨子里却有股不屈的铮铮傲气，渴望出人头地，像舅父，像在茶楼的那些“大粒佬”（大老板），干一番大事业。没有知识，很难做成大事业，这是极浅显的道理。因此，他白天要忙着为一家人的生计奔波，晚上才有时间学习，条件是非常艰苦的，但是对新知识的渴望让他孜孜不倦。由于不断学习和吸收新知识、新信息，他开阔了视野，在瞬息万变的经济世界里能审时度势，不断开拓新局面并获得了成功。

现已到耄耋之年的李嘉诚，从早年创业至今，一直保持着两个习惯：一是睡觉之前一定要看书。非专业书籍，他会抓重点看，如果跟公司的专业有关，就算再难读下去，他也会坚持把书看完；二是晚饭之后，一定要看十几二十分钟的英文节目，他不仅要看，还要跟着大声说，因为“怕落伍”。

“在知识经济的时代里，如果你有资金，但是缺乏知识，没有最新的讯息，无论何种行业，你越拼搏，失败的可能性越大，但是你有知识，没有资金的话，小小的付出就能够有回报，并且很可能达到成功”。现在跟数十年前比，知识和资金在通往成功路上所起的作用完全不同，李嘉诚强调读书学习知识不仅仅指向课本内容，更是包括社会经验、文明文化、时代精神等整体要素。

今天的社会已容不下滥竽充数的人，而知识就是人最核心的价值。新知识是什么，是要找自己所关注行业的前沿信息。每个人在读书的过程中都是在学习新知识的过程。

在李嘉诚的读书之道上还有个原则：阅读一定要有针对性。只有阅读有重点，才能在广泛涉猎的同时保持机敏的商业嗅觉，同时又不脱离时代；追求最新的知识才能在他人忙于当时流行的赚钱方式之外，嗅出真正有潜力的行业以及真正有价值的信息，从而先发制人。学无止境，学习才会让人成功。

知识改变人生轨迹

1. 我已经工作了60年，虽然事业上略具规模，但我也是经历过很多艰辛的事情，更知道战争、失学和贫病的滋味，了解在逆境中求发展的困难。命运的定律并非永远友善及如人所愿，每人际遇不尽相同，各有成就及失落，但我们不能因困难而削弱意志，因逆境而感到沮丧。命运不是定数，我们要力争知识，我是深信知识可以改变命运的人。

2. 利用卫星，大山再高也挡不住知识。有了知识，就能对世界有更清晰的眼光，更深刻的了解，更强的判断力及更能领会尊严和价值。

3. 在这创新年代，财富源自知识，知识才是个人最宝贵的资产。我们应积极争取，它不仅是发展专业的工具，更是教育年轻新一代和透析新的经济结构的工具。知识已渗入了我们生活的每一层次。

善行天下

知识改变人生轨迹，很多历史人物都用自己的亲身经历验证了它的正确性。知识确实可以改变命运，但不是说有了知识我们就可以得到一切，也不是说有了知识就可以得到更多的荣耀。这句话的意义在于知识可以帮助我们看清事物的本质、懂得做人的道理，让我们的内心愈加坚强、愈加勇敢、愈加聪慧。知道自己的人生要走一条什么样的道路，这才是知识对我们真正的作用。明确了人生的方向和目标，并一直努力地向前奋进，不管我们的人生最初处于什么样的状态，都能把握住命运的方向，实现自己的理想。

李嘉诚虽生逢乱世，但他从小就酷爱学习。在做教师的父亲影响下，他对书籍产生了深厚的感情。他三岁就能朗诵《三字经》《千家诗》，从这些传统的启蒙读物中，幼年的李嘉诚深受中国传统文化的熏陶。进入学堂之后，李嘉诚不满足于学校老师教授的诗文，常常把藏书阁里的线装古书翻出来，津津有味地学习起来。圣贤儒家经典文化让李嘉诚对“人”字的解读更加深刻透彻，他知道真正的君子应该具备哪些德行，懂得了做人的意义。

李嘉诚颠沛流离的少年生活并没有削弱他学习的劲头，尽管生活很困苦、工作很艰辛，他仍要挤出时间来学习，为自己充电。这是因为他知道不读书就永远改变不了自己的命运。如果说少年时候受到的圣贤教诲奠定了李嘉诚人生的根基，那么成年之后对知识的渴望就为他的生命注入了丰富的营养和新鲜的血液，让他不仅拥有厚实的知识储备还具备了敏锐的眼光，这些都为他人生和事业的丰收打下了坚实的基础。

儒家讲：“苟日新，日日新，又日新”，就是强调学习要每天都有进步，原地踏步是不行的。实际上，人也不可能做到原地踏步，因为“学如逆水行舟，不进则退”，原地踏步只是一种理论上的概念，实际上并不具备可行性。所以，如果我们不追求学问上的进步，那等待我们的就只有倒退，乃至被时代潮流远远地抛在后面。

未来的社会是学习型社会，每个人都应该善于学习。当然这里的学习是指广泛意义上的学习。牛顿曾说，我之所以能够取得今天的成功，是因为我站在巨人的肩上。一句平凡的语句，却表达出了人类在知识层面上的延续性，人是在不断发展不断学习的一种自然存在物，而所有人的学习和发展又都是具有其社会局限性，并且是继承了前人的社会实践成果的。苦难的童年使高尔基认识到：知识的力量使他比谁都坚强，他牢牢地扼住命运的咽喉，奏响一曲生命的欢歌；贝多芬耳朵虽听不见了，但他却说，我听到我的心在演奏；三国时期的吕蒙，士别三日，当刮目相看，那是知识改变了他的气质，而发明大王爱迪生，也是知识使他由贫民窟走到曼哈顿，从此改变了他人生的轨迹。

知识是比金钱、钻石更重要的东西。因为知识是任何人都抢不走的，只要你还活着，知识就永远伴随着你，无论你到什么地方都不会失去它。

知识能充实人的头脑，开启我们的智慧。智慧是对人生真相的了解，是“温良恭俭让、仁义礼智信”的品德。这些品德是我们做人的准则，任何时候都不能抛弃。所以我们在学知识的时候，一定要有辨别力，分清善知识与坏习气，对坏的习气主动地回避。在现代社会，很多人都错误地认为知识就是从学校里学到的、可以用分数来衡量的那些技能，其实不然，知识固然包括在学校学到的技能，但更重要的是做人的道理。中国古代的圣贤教诲从来不教人知识，它教导的都是做人的智慧，这才是我们最应该学习的东西。好的知识是人生的阳光，它能照亮你心中所有的黑暗，就像一间封闭了很多年布满灰尘的房子，虽然它已经在黑暗中度过了很久，但是只要打开门窗，它就能在瞬间明亮通透起来。

李嘉诚在经营工厂时，经常订阅美国著名的塑料工业杂志，从中了解世界市场和新产品技术。他在杂志上看到有一种机器，可以把压缩空气注入模内未成形的胶管，制成胶瓶或玩具，不过机器价钱很贵。那时香港还没有引进这种机器，软胶瓶也未出现，李嘉诚知道这是一个好的商机。但是他的经济能力有限，无法购买这部机器，他就决定自己研制并成功做出了产品。李嘉诚能将这部机器制造出来不是偶然的，是与他日积月累学到的知识分不开的。这件机器生产的塑料产品为工厂赚了不少钱，工厂的资产以每年至少 10 倍的速度增长，这都是知识带给李嘉诚的好处。

知识改变人生轨迹是李嘉诚的信念，他的一生也都在践行这个信念。他从知识中获益的同时，还希望把这个讯息传达到社会的各个角落，他的基金会也定期赞助赠阅计划，期望通过知识的教育让每个人都能有好的命运。

书山有路勤为径

1. 勤奋是一切事业的基础。要勤劳努力，对企业负责、对股东负责。

2. 我认为勤奋是个人成功的要素，所谓一分耕耘，一分收获，一个人所获得的报酬和成果，与他所付出的努力有极大的关系。运气只是一个小因素，个人的努力才是创造事业的最基本条件。

3. 虽然，很多有成就的人士都没有受过很多教育，但并不等于不用功读书，就一定可以成功。你学到的知识，就是你拥有的武器。人，可以白手起家，但不可以手无寸铁，谨记！

善行天下

俗话说：“一勤天下无难事。”勤奋是成功的阶梯，唐朝文学家韩愈曾说过：“业精于勤，荒于嬉。”意思是说学业方面的精深造诣来源于勤奋好学。唯有勤奋者，才能不断地开拓知识领域，才能在无边的知识海洋里猎取到真知灼见，武装自己的头脑。

放眼大千世界中的芸芸众生，功成名就并非可望而不可即，排除客观因素的影响，最重要的一条是勤奋敬业。天道酬勤，今日勤奋敬业的人就是将来的成功人士。李嘉诚最初成功的原因就是因为勤奋敬业，用他自己的话说就是：披星戴月去，万家灯火归。

李嘉诚最初做推销员时，不是业绩最出色的，却是最勤奋的。曾经有记者询问李嘉诚的推销诀窍，李嘉诚不予正面回答，却讲了一个故事：已经69岁的“推销之神”原一平在一次演讲会上演讲。有人问他推销成功的秘诀时，他没有回答对方的提问，而是当场脱掉鞋袜，将提问者请上台，说：“请您摸摸我的脚板。”提问者被弄得一头雾水，不明白原一平什么意思，但还是摸了他的脚板，而后十分惊讶地说：“您脚底的老茧怎么这么厚呀？”原一平微微一笑说：“因为我走的路比别人多，跑得比别人勤，所以脚茧特别厚。”

提问者略一沉思，顿然领悟，台下同时报以热烈的掌声。李嘉诚做推销员时，每天都要背一个装有样品的大包从坚尼地城出发，挨家挨户地走街串巷，从西营盘到上环再到中环，然后坐轮渡到九龙半岛的尖沙咀、油麻地，一天下来要走十几个小时的路。李嘉诚说：“别人做8个小时，我就做16个小时，其实别无他法，只能将勤补拙。”华罗庚说：“勤能补拙是良训，一分辛劳一分才。”那么什么是勤奋？每个人每天都有24小时，你的24小时是怎样度过的？你是否勤奋、专注？你的 24 小时都有哪些进步？你又花了多长时间读书？

其实，有工夫读书，是一种福分，我们一定要珍惜。学习也是实践，不断地学习实践是人们获得才能的基础和源泉。没有学不会的东西，问题在于你肯不肯学，敢不敢学。有人找借口说我太忙了没有时间学习，也有人说我太笨了怎么努力也是学不会的，还有人说我年纪大了已经过了学习的年龄，其实这些都是在为自己的懒惰找借口。俗话说“只要功夫深，铁杵磨成针”，“时间就像海绵里的水，越挤越多”，只要你真的下定决心学习，没有什么是学不会的。就算你学习的进度真的比别人慢，也能笨鸟先飞，只要你肯花时间，别人用一小时，你就用两小时、三小时，乃至更长的时间，肯定能够学会。

李嘉诚在工作上付出了超过常人很多倍的努力，在学习上也从不输给别人。为了学好英语，每天工作之后，他都要坚持晚上自修、进修。随着塑胶业的不断发展，新原料、新设备、新制品、新款式源源不断地被开发出来，李嘉诚犹如海绵吸水，总觉得时间不够用。为了节省时间，李嘉诚搬到了工厂住下，每个星期回家一次探望母亲和弟、妹。工厂状况有所改观后，他便在新蒲岗租赁了一栋破旧的小阁楼，用途有三：塑胶厂的办公点、成品的储藏库以及他的卧室。

过去数十年寒暑，李嘉诚先生一直没有停顿，仍然每时每刻都在尽力“抢”学问，孜孜不倦地看书，身体力行他的信念——知识改变命运。由于不断学习和吸收新知识、新信息，他开阔了视野，能在瞬息万变的经济世界里审时度势，不断开拓新局面。他说：“一个真正做大事、有远见的人，要看世界的潮流，估计自己未来发展的方向。事在人为，不能有志无才，你可以夸口说你的志向是摘下天上的月亮，但你知道怎么摘下吗？所以我说事在人为，靠自己，靠意念，还要有最新的知识及经验积累才能达到。”

勤奋，是叩开成功人生的敲门砖。

曾国藩是中国历史上最有影响的人物之一。谈到他读书的刻苦，有这样一个有趣的故事：一天，曾先生在家看书，重复诵读了很多遍还没有背下来。这时来了个贼，却怎么也等不到他睡觉，终于大怒，跳出来说："这种水平读什么书！"然后将那篇文章背诵一遍，扬长而去！可见，曾先生在读书上的天分并不高，但他著的《曾国藩家书》却能给子孙后代留下深远的影响，根源就在于他的勤奋。没有人能只依靠天分成功，上帝给予了人天分，人依靠勤奋才能将天分变为天才。

"书山有路勤为径，学海无涯苦作舟"，一个人不管自身的条件有多么不如人，只要肯努力，舍得下工夫，勤奋并持之以恒，成功总有一天会降临。

抢知识就是抢未来

1.12岁开始做学徒，不到15岁就挑起一家人生活的担子，再没有受过正规的教育。当时自己非常清楚，只有我努力工作，和求取知识，才是我唯一的出路，我有一点钱都去买书，记在脑子里面，才去再换另外一本，到我今天来讲，每一个晚上，在我睡觉之前，我还是一定要看书，知识并不决定你一生财富的增加，但是你的机会更加多了，你创造机会，才是最好的途径。

2.人家求学，我是在抢学问。

3.知识不仅是指课本的内容，还包括社会经验、文明文化、时代精神等整体要素，有知识才有竞争力，知识是新时代的资本，五六十年代人靠勤劳可以成事；今天的香港要抢知识，要以知识取胜。

善行天下

“抢学问”这个词是李嘉诚创造的，它反映了作为企业家的他几十年来不屈不挠追求知识、创造财富的艰辛历程。

14岁的李嘉诚因生活所迫，来到茶楼打工，每天要工作15个小时以上，回到家后，他仍旧秉烛夜读，抓紧时间弥补自己知识上的不足。由于学习太用心，他经常会忘记时间，以至于想到要休息的时候，上班的时间也悄然来到了。闲余时间，他的同事们经常会聚在一起打麻将，而李嘉诚却捧着一本《辞海》在读，时间一久，一本厚厚的《辞海》都被翻黑了。

李嘉诚来到中南公司做学徒后，晚上的时间可以由自己安排，这时，他给自己定下了一个目标：要充分利用自己的业余时间，通过自学完成中学课程。李嘉诚有着十分强烈的求知欲望，但他经常为没有教材而忧愁。因为他的工资微薄，既要维持家用，还要供养弟妹上学，所以，几乎没有多余的钱再来买所要学的新教材。

于是李嘉诚想到了买旧教材来坚持学习。当李嘉诚回忆起这段往事时说道：“家父去世时，我不到15岁，面对严酷的现实，我不得不去工作，忍痛终止学业。那时我太想读书了，可家里是那样穷，我只能买旧书自学。我的小智慧是环境逼出来的。我花一点点钱，就可买来半新的旧教材，学完了又卖给旧书店，再买‘新’的旧教材。就这样，我既学到知识，又省了钱，一举两得。”

李嘉诚的父亲常常告诫儿子，要想立足于香港社会，就要学做香港人，要学会广东话和英语这两种语言，这样才有机会直接从事国际交流。语言就是力量。李嘉诚用当作一件大事的心态来学广东话。于是，他主动拜表妹表弟为师。因为李嘉诚聪明伶俐、勤学不辍、苦练不止，很快，李嘉诚就能讲一口流利的广东话。李嘉诚学英语也是如此，当年他学英语的时候，认真程度几乎到了走火入魔的地步：在上学、放学的路上，他边走边背单词。夜深人静，他怕影响家人休息，便独自跑到屋外的路灯下读英语。天刚亮，他就迅速爬起来，口中念念有词，甚至在茶楼打工、中南公司当学徒，在每天工作十多个小时后，李嘉诚也从未中断过英语学习。功夫不负有心人，李嘉诚凭着刻苦学习的毅力，几年后就熟练掌握了英语。这为李嘉诚未来的商海生涯，打牢了坚实的沟通基础。

有句话曾说，知识即是财富，知识决定未来。在这个迅速发展的 21 世纪，是什么让人之间有着差别，那就是由于所掌握的知识的程度来决定的。人唯有不断地去学习，才可以站在一个更高的角度去看属于自己的风景。如果在人生中放弃了不断学习，失去了接受新知识的渴望，那么，人必将处在发展的末端。知识是现代战场的武器，如果你连新武器都不肯下工夫获取，那在职场的竞争中，必死无疑的宿命就会缠绕着你。作为一个领导者，管理者，如果你不能不断地用知识去灌输，那么，这个管理者位置也就算快终结了。

像华人首富李嘉诚，一个老人，在他整个奋斗的过程中，不断地去用知识去充电，去完善自己，他还会认为自己远远不够。知识就是生产力，是战斗力，是核心竞争力。拥有理论的知识之外，更多的我们能够将其运用到实践中，这样无形的知识才可以得到物质的体现。我们的未来是要用我们的知识去构筑的。

是什么让自己丧失了竞争力，是什么让自己的工作速度比别人慢了一倍，是什么让自己付出的汗水得不到回报……其实我们每个人都在不断地问着自己，为什么，可是最终的一句话那就是：“我缺少这方面的知识。”

我们现在所在的社会是一个信息爆炸、知识丰富、发展迅速的时代，如果你跟不上时代的脚步，那你最终会被社会遗弃。所以我们身处在竞争如此激烈的社会，要想立于不败之地，那就要必须从知识上超越他人。从小学到大学，直到最终获得学士学位，但出于工作的需要这十几年来我们

学习的文化基础和专业知识还远远不够，我们还要坚持不懈地去学习日新月异的专业知识。当你不想去学习的时候，千万不要以“学完了”为借口，因为知识是永无止境的，我们所学的只不过是沧海一粟罢了，所以说，“活到老，学到老”这是所有人都应该遵守的法则。

子曰：“学不可以已。”罗马不是一天建成的，知识也不是一天积累成的。人如竹，每长高一点，就进步一点。“学而不思则罔，思而不学则殆”，人要不断学习，就像不断流淌的河流，勇往直前，势不可挡，不断向前，才能得以成就。我们不断学习，争强好胜，才能实现远方的理想。

至乐莫如读书

1. 读书是乐趣，而且启迪心智。对书籍的入迷应该是自然而然的，不带丝毫强迫的意思。

2. 一般而言，我对那些默默无闻，但作一些对人类有实际贡献的事情的人，都心存景仰，我很喜欢看关于那些人物的书。无论在医疗，政治，教育，福利哪一方面，对全人类有所帮助的人，我都很佩服。

3. 我喜欢看书，现代的、古代的都看，时时看到深夜两三点钟，看完就去睡觉，不敢看钟，因为如果只剩下两三个钟头，心就会很怯。

善行天下

高尔基曾说，书籍使我变成了一个幸福的人，使我的生活变成了轻松而舒适的诗。人的知识愈广，人的本身也愈臻完善。书籍是人类进步的阶梯。古往今来，古今中外，无论名人大家还是凡夫俗子，大都把读书作为获取知识、修身养性和强化修炼的必然途径，无不心存敬畏与珍重。英国伟大的剧作家、诗人莎士比亚说过：“生活里没有书籍，就好像没有阳光；智慧里没有书籍，就好像鸟儿没有翅膀。”不仅把读书作为人生的极大乐趣，还把读书作为充实头脑、凝聚智慧的重要方式，对读书评价之高可见一斑。无独有偶，我国北宋理学家和教育家、程朱理学的开创者程颐更是认为“外物之味，久则可厌；读书之味，愈久愈深”。现代著名作家刘白羽说过：“我爱书。我常常站在书架前，这时我觉得我面前展开一个广阔的世界，一个浩瀚的海洋，一个苍茫的宇宙。”把读书看作是拓宽眼界、拓宽思维的方式，包含着无比的炽热和爱恋。

读一本好书，就是和许多高尚的人谈话，每一本书都是用黑字印在白纸上的灵魂，我们的眼睛和思想接触到这些文字，它们就被赋予了鲜活的生命力量。阅读使人充实，让人思维敏捷、庄重深沉，每一本书都在我们面前打开了一扇窗户，让我们看到一个个不可思议的崭新的世界。

书籍让我们的眼界突破了时空的界限，我们可以通过书籍看到人类文明的光辉历程、认识各个时代的伟大智者、领略世间万事万物的动人和美妙……书籍是我们人类最宝贵的财富，在人类历史上，很多伟大的人物都对书籍表达了无上的热爱和尊敬，可见书籍对人类的重要作用。

地位和财富对于任何人来说都不是长久稳定、万无一失的，也许一个不经意的瞬间你就会从很高的权位上跌下来，你的万贯家财也可能在一夜之间化为乌有。只有深植在你内心深处的知识才会伴随你的一生、不离不弃，任何人都无法将它从你那里夺走，你也会因此而受用一生。

李嘉诚一直都很重视加强自己在文化知识方面的学习，他认为知识是新时代的资本，现代社会要以知识取胜。他从小就对书籍充满了无限的热爱，一有时间他就躲在家里的小书房中苦读，从书中得来的快乐让他如痴如醉。后来，在无奈辍学的情况下，他也没有放弃任何学习的机会，在结束白天忙碌的工作之后，晚上他还要买些旧书来自学，读书的乐趣让他欲罢不能。即使是功成名就之后，他也从不间断对新科技和新知识等书籍的阅读，至今仍然习惯每晚睡前阅读，他常设定一个闹钟，提醒自己不要入迷而读书至凌晨。在六十多年的从商生涯中，李嘉诚一如既往地保持着旺盛的求知欲望。他每天晚上睡觉前，都要看半个小时的书或杂志，学习知识、了解行情、掌握信息。他说，读书不仅是乐趣，而且令人启迪心智，刺激思考。通过阅读他掌握了很多新领域的新知识，把工作中的学习视为事业发展的动力，他深深明白书籍对人类的巨大作用，不了解新讯息就会和时代脱节，被历史的洪流狠狠地甩在后面。

李嘉诚在接受《中国青年报》记者的采访时曾说，他最大的遗憾是从小因战乱没有受过正规的教育。李嘉诚本来不喜欢做生意，按照他原来的想法，他希望创业后尽快赚取足够应付自己与家人往后十年的生活费，然后回到学校念书，遗憾的是因为生意上的变故这个愿望最终没有实现。

李嘉诚说，读书是乐趣，而且启迪心智。对书籍的入迷应该是自然而然的，不带丝毫强迫的意思。古人说“废寝忘食”的苦读，这是真的，读书会让人忘记吃饭和睡觉，因为从书中得到的快乐充满了人的心胸，便不会觉得累也不会觉得饿。

每个人的成长，都离不开精神营养，而能够给人提供精神营养的，主要就在于读书，静下心来读书的最大乐趣，就是让你在不知不觉中，受到感染，得到激励或者抚慰。有时它能让你喜悦，有时也会让你伤怀，有时让你沉思，有时让你坚定。这一切的感情体验，都是人们应该有的，在读书中都能悄然

无声地感悟到世间的人生百味，在书中获得心灵慰藉，让人真正懂得了善良、正义的可贵，理解宽容、厚德的难得，欣赏创新、开拓的壮美，品评和谐、清廉的珍贵。书中那让人奋发向上的“正能量”，是无须到书海里刻意寻求的，只要是读到好书，它就会自然而然地走进你的心里，融化在你的血液中。

子曰：学而时习之，不亦说乎？学习是一件让人从内心深处觉得快乐的事情，它不仅能带给人睿智和思想，还会给人带来巨大的精神享受。读书是惬意、舒服、自由的人生享受，愉悦的读书心态，带来的是宁静和安详，身心舒畅，这不仅是读书真正的意义所在，也是李嘉诚先生至乐莫过于寻找到了读书的真谛。

第八话

身处逆境，命运掌握在自己手上

在逆境中，你不得不问自己是否有足够的条件。当我处于逆境，我以为我已经够了！因为我勤奋、节俭、坚忍和我将寻求知识和肯建立一个信用。

面对逆境，迎难而上

1.力争上游，虽然辛苦，但也充满了机会。我们做任何事，都应该有一番雄心壮志，立下远大的目标，用热忱激发自己干事业的动力。

2.逆境和挑战只要能激发起生命的力度，我们的成就是可以超乎自己所想象的。

3.人生不无遗憾，但遇到逆境和挑战只能激起斗志，要转化为成就，只要经得起挑战，定能够超越自己。

4.从哲学的角度上讲，事物都是发展的。人的志向是从儿时的幻想演变到对以后成长中的实际情况的想法，也是一个纵向发展的过程，这其实涉及两个环境：其一是自己的理想所造就的；其二是现实生活所给你的。这两个环境是你无法抗拒的。它们相互斗争的过程，也是磨炼意志的过程。就拿我自己来说，童年的时候，父亲教育我要学习礼仪或遵守诺言。而我呢，也受到父亲的熏陶，自小就很喜欢念书，而且很有上进心。那时候，我就暗暗地发誓，要像父亲一样做一名桃李满天下的博学多知的教师。但是由于环境的改变，贫困生活迫使我孕育一股更为强烈的斗志，就是要赚钱。可以说，我拼命工作的原动力就是随着环境的变迁而来的。

善行天下

生活中总会有困难与挫折，李嘉诚从不轻易言败，他总是认真分析，力争从困境中寻找一线生机，使自己能渡过难关。晚年李嘉诚曾说："人们过誉我是超人，其实我并非天生就是优秀的经营者。到现在我只敢说经营得还可以，我是经历过很多挫折和磨难，才领会出一些经营的要诀的。"

青少年时代的李嘉诚，遭遇了生活的太多苦水。从创业开始，生活似有了转机。

利用早年所获得的推销经验，李嘉诚在成立了长江塑胶厂后，很快把生产出来的第一批产品顺利地卖了出去。之后第二批、第三批、第四批………他手里捏着一把订单，招聘工人，经过短暂的培训就单独上岗。

他把管理系统做得更完美了。他又招聘了会计、出纳、推销员、采购员、保管员，就是连自己也没有想到产品会是如此的顺利，简直就是一帆风顺。

可命运偏偏喜欢捉弄人。就在创业不久，一帆风顺、春风得意的李嘉诚便挨了当头一棒。一家客户宣布他的塑胶制品质量粗劣，要求退货。李嘉诚不得不承认质量有问题。而推销员带回的客户的信息更使李嘉诚不寒而栗：客户拒收产品，要长江厂赔偿损失。

当时的客户都是中间商，他们或将产品批发给零售商，或出口给海外

的经销商。塑胶制品早已过了“皇帝的女儿不愁嫁”的好光景，用户对制品的款式质量变得越来越挑剔。随着进军塑胶行业的企业日益增多，竞争自然越来越激烈。商场竞争遵循这样一个原则：优胜劣汰，质量粗劣的商品必然会被淘汰出市场。

可李嘉诚手中仍有不少订单，客户打电话催货，李嘉诚左右为难，延误交货就要交大量的赔偿金，甚至连老本都要赔进去。他只好每天坚守在机器旁监督质量。但是，让这些问题百出的机器来确保质量谈何容易？再加上大部分工人技术水平不高，且只是经过简单培训就上岗生产，这样的条件能生产出产品已经很不错了。

年少气盛的他只急于求成，一味地追求数量，却将企业信誉的关键——质量给忽略了。

长江厂里只剩下半数的产品没有出现质量问题，开工不定，不得不裁减员工。部分被裁员工的家属上门哭闹，有的赖在办公室说什么都不走，车间和厂部被搞得鸡犬不宁，留下的员工人心惶惶，为长江厂的前途担忧，更是为了将来的生计忧心忡忡。那段时间李嘉诚脾气特别糟糕，经常训斥手下的员工，向员工发脾气，全厂士气低落，人心不安。

事态实在是太严重了，质量就代表着信誉，信誉就是企业的生命，事业的航船一旦找不到方向，企业如何生存？当时，仓库被质量欠佳和延误交货退回的成品堆得满满的，索赔的客户纷至沓来。还有一些新客户要求考察生产规模和产品质量，见到这种情况后扭头就走了。产品积压，却没有进项，资金链严重脱节，原料商仍按约上门催要原材料款。李嘉诚根本无法筹出这些款项。他被逼急了，就说：“我实在拿不出钱，你们真的非要不可，就把我带走吧。”原料商笑着说：“你想得倒美，我们要你干什么？我们要的是钱！”原料商扬言要停止供应原料，并要到同行中张扬李嘉诚“赖货款的丑闻”，这对李嘉诚不啻雪上加霜。

真可谓福无双至，祸不单行，偏偏在这个时候，银行得知长江厂陷入危机，派职员来催贷款。被产品质量弄得焦头烂额的李嘉诚不得不赔笑接待，恳求银行放宽期限。企业的生杀大权完全掌握在银行的手中，长江厂被逼到了清仓盘点的地步。

黑云压城城欲摧。长江塑胶厂面临着银行清盘、客户封杀的生死存亡的严峻关头。

客户是企业赖以生存的源泉，没有了客户，企业还怎么生存，李嘉诚急得成了热锅上的蚂蚁。

质量就是信誉，信誉是企业的生命。现在质量没有了，信誉没有了，那么企业的生命又怎么存在呢？李嘉诚为自己铸成如此大错痛悔不已。

在母亲的开导下，李嘉诚痛定思痛，决定坦诚面对现实，力挽狂澜。

李嘉诚首先“负荆请罪”。

他首先将工厂员工的情绪稳定下来，这是企业能否生存的前提条件。因此，李嘉诚向员工坦率地承认自己的经营失误，并保证绝不损害员工的利益，希望大家同舟共济，齐心协力共渡难关。李嘉诚是一个一言九鼎之人，大家都很相信他。因此，大家不再愁眉苦脸，士气也不再那么低落了。等到员工的情绪安定之后，李嘉诚就一一拜访银行、原料商、客户，并向他们认错道歉，请求得到他们的谅解，并且承诺在放宽的期限内一定偿还欠款，对该赔偿的罚金，一定如数付款，决不会少一分。

李嘉诚向大家坦言工厂面临的空前危机，即随时都有倒闭的可能，恳切地向对方请教拯救危机的对策。

李嘉诚的诚实，得到他们中的大多数人的谅解。大家都是业务伙伴，长江塑胶厂倒闭，对自己同样不利。于是银行、料商和客户一一放宽期限，使李嘉诚有了收拾残局、重振雄风的宝贵时间。

李嘉诚的第二步是立即普查堆满成患的积压产品，将其分门别类，优胜劣汰，集中力量推销，使资金得以回笼，分头偿还了一部分债务，解了燃眉之急，缓解了事态。

李嘉诚的第三步是利用喘息的机会，对工人进行技术岗位培训，同时筹款添置先进的新设备，以保证质量。

终于，在李嘉诚的百般努力，在银行、原料商和客户的谅解下，工厂一步一步地渡过了难关。

“不怕没生意做，就怕做断生意”，李嘉诚从这件事真真切切地感受到了这句话的深刻含义。

磨难对一些人来说，也许不是一件坏事，至少李嘉诚最终成功地渡过了难关，而这段经历也成了他以后经商的宝贵经验。灾难和磨难可以使人一蹶不振，但也可以给人勇气和力量。能够走出灾难的人，已经向自己挑战了一次，所以在以后前进的途中更有可能成功。

经过了这次挫折和磨难，李嘉诚变得更加成熟了。正是这次反向的动力，促成李嘉诚由一个勇气可嘉、稳重不足的小业主迅速成长为一个成熟的商人。后来，李嘉诚甚至说：“我有今天的成就，是因为有那一次挫折作为基础。”

这次磨难后，李嘉诚就为自己立下了座右铭，“稳健中寻求发展，发展中不忘稳健”。

面对痛苦与挫折，请坦然

1. 你想过普通的生活就会遇到普通的挫折；你想过上最好的生活，就一定会遇上最强的伤害。世界很公平，你想要最好的，就一定会给你最痛的。能闯过去，你就是赢家，闯不过去，那就乖乖退回去做个普通人吧。所谓成功，并不是看你有多聪明，也不是要你出卖自己，而是看你能否笑着渡过难关！

2. 人们赞誉我是超人，其实我并非天生就是优秀的经营者。到现在我只敢说经营得还可以，我是经历了很多挫折和磨难之后，才领会一些经营的要诀的。

3. 明天的希望，让我们忘了今天的痛苦。

4. 有希望在的地方，痛苦也成欢乐。

要以一种泰然处之的心态面对生活。因为生活是我们的导向，它能把我们从痛苦中引领出来。在沉重的打击面前，需要有处乱不惊的乐观心态，冷静而乐观，愉快而坦然。在生活的舞台上，要学会对痛苦微笑，要坦然面对不幸。

“不以得为喜，不以失为忧”，是一种良好的心态。这种心态的优势是专注于自己的事情，不因一时得失而忧心忡忡或兴奋狂跳。也不要大喜大悲，那样会使我们失去冷静。

李嘉诚说，苦难的生活，是我人生的最好锻炼。每个人的一生中都难免有缺憾和不如意。身处逆境，一种人只会怨天尤人、自暴自弃，而另一种人却懂得抓紧时间用行动来弥补，成功往往就属于后者。艰难困苦的处境，在很多时候都是一种难得的挑战，关键就在于你以哪一种心态来应对。我们能做的是承认现实的不足之处，学会以坦然的心态微笑处之，并通过自己的努力去尽力弥补，这才是人在生活中应有的积极的人生态度。

在逆境中成长起来的英雄人物很多，华人首富、慈善家李嘉诚就是一个典型的例子。他幼年丧父，十四岁就辍学务工，坚强地挑起了一家人生活的重担。对于那时的李嘉诚来说，每天能喝上两顿稀粥就已经很幸福了。他当过学徒、做过推销员，深感挣钱的不易和生活的艰难。但是李嘉诚对那些年的艰辛和困顿没有丝毫的抱怨，相反，他认为是艰苦成就了他的事业，锻炼了他坚忍不拔的毅力和迎难而上的勇气。

量子论之父马克斯·普朗克是 19 世纪末、20 世纪前半期德国理论物理学界的权威，在科学界颇有威望，并于 1918 年获诺贝尔物理学奖。

普朗克的一生并不是一帆风顺的。中年的时候妻子逝世；在第一次世界大战期间，他的长子卡尔在法国负伤而亡；他的一对孪生女儿也都在生孩子后不久，相继去世。

对于这些不幸，普朗克在写信给侄女时说：“我们没有权利只得到生活给我们的所有好事，不幸是自然状态……生命的价值是由人们的生活方式来决定的。所以人们一而再、再而三地回到他们的职责上，去工作，去向最亲爱的人表明他们的爱。这爱就像他们自己所愿意体验到的那么多。”

对于自己遭遇的一个又一个的不幸，普朗克都能正确地对待，他没有被这些不幸击倒，没有忘记自己人生的意义。

第二次世界大战中，不幸的遭遇又一次降临到普朗克的头上。他的住宅因飞机轰炸而焚毁，他的全部藏书、手稿和几十年的日记，全部化为灰烬。为了逃避空袭，他只好暂寄在一位朋友的庄园里。对于失去家园、财产，他泰然处之。他写道：“在罗格茨的生活还不算坏。”因为他还可以工作，他已经准备好了他想要进行的关于伪科学问题的新讲演。

1944年末，他的次子被认定有密谋暗杀希特勒的“罪行”而被警察逮捕。普朗克虽采取了多方的求助，却没有任何效果。

普朗克在后来给侄女、侄儿的信中说：“他是我生命中宝贵的一部分。他是我的阳光、我的骄傲、我的希望。没有言辞能描述我因他而蒙受的损失。”他在给阿·索末菲的信中说：“我要竭尽全力让理智的工作来填补我未来的生活。”

普朗克面对如此巨大的悲痛，仍然以泰然的心态处之，实在让人敬佩。事实证明，他赢得了世人的尊重。如果我们的心灵不断得到坚忍、顽强、刻苦、质朴之泉的灌溉，那么，不论我们一贫如洗或是位卑如蚁，都可以求得平和之心态。

一个人的坦然，是一种生存的智慧。生活的艺术，是看透了社会人生以后所获得的那份从容、自然和超然。

一个人要能自在自如地生活，心中就需要多一份坦然。笑对人生的人比起在曲折面前悲悲戚戚的人，始终坚信前景美好的人较之脸上常常阴云密布的人，更能得到成功的垂青。

马克·吐温被评论家们称为美国最伟大的爱开玩笑的人，他也是美国最伟大的哲学家之一。然而，他小时候就已经接触到生活的种种悲剧：他的两个哥哥和一个姐姐，在他年少时相继死去；他的四个孩子，在他还活在人世的时候，也都一个个离他而去。他饱尝了生活的苦楚艰辛，可他坚信，如果用欢笑作为止痛剂来减轻苦痛，也能够得到乐趣。我们可以适当地使自己处于超然的地位，来观赏自身痛苦的情景。

在沉重的打击面前，需要有处事不惊的乐观心态，这样就能战胜沮丧，化坎坷崎岖为康庄大道。你可能一时丢掉了原本属于你的东西，或是错过了一次机会，但是，在精神上绝不能失望。冷静而达观，愉快而坦然，是成功的催化剂，是另辟蹊径、迎接胜利的法宝。

这个世界上有多少诱惑，就有多少欲望。一个人需要以清醒的心智和从容的步履走过岁月，他的精神中必定不能缺少淡泊。淡泊是一种境界，更是人生的一种追求。虽然，我们每个人都渴望成功，但我们更需要的是一种平平淡淡的生活，一份实实在在的成功。

得意也罢，失意也罢，要坦然面对生活的苦与乐。假如生活给我们的只是一次又一次的挫折，也没什么的，因为那只是命运剥夺了我们活得高贵的权利，但并没有夺走我们活得快乐和自由的权利。

因为生活里是没有旁观者的，每个人都有一个属于自己的位置，每个人也都能找到一种属于自己的精彩。坦然，会让我们的生活美丽而快乐！

把失败的泪换为成功的笑

1.我迅速发现没有什么必然的成功方程式，首要专注的是，把能掌控的因素区分出来。若果成功是我的目标，驾驭一些我能力内可控制的事情是扭转逆境十分重要的关键。我要认清楚什么是贫穷的枷锁——我一定要有摆脱疾病、愚昧、依赖和惰性的方法。

2.不为失败找借口。成功者重视找方法，而失败者总是习惯找借口，好像所有的失败都与他们无关，都是外在条件和客观环境造成的结果。然而，找借口是一种很不好的习惯，二十几岁的年轻人应该明白这个道理。

每个人的人生都必定要经历一些失败和打击，但是每个人对待失败的态度却不尽相同，因此失败的经历所产生的影响也就大相径庭了。

有的人在遭遇失败的时候，仔细分析失败的原因，从失败的经历中发掘出很多经验和教训，并用这些教训警示自己，不再重蹈覆辙。而有的人却只会将自己卡在失败的坎上，为自己过去的损失伤心不已，有些人甚至是从此一蹶不振，一次失败就让他否定了自己，他们只会追究失败的坏处，却从不想着从失败里找到一些有价值的办法，为下一次成功做准备。

李嘉诚之所以能够登上华人首富的巅峰，是源于他能够在微小的错误中吸取教训，从而避免出现大的失误。他的奋斗史中并不是没有失败，只是他将失败的教训都转变成了成功的经验。

1950 年，在塑料花工厂成立时，为了节省租金，李嘉诚选择了一个货仓做工厂。但是没过多久，因为香港连降暴雨，刚添置的塑胶机器都被泡坏了，导致开业不到两个月就得另觅厂房。李嘉诚没有自暴自弃，更没有一蹶不振，而是开始认真思考问题出现的原因，并且吸取教训，以后再也没有出现过类似的问题。

后来当他有钱买下一艘游艇时，已经被训练得极为谨慎的李嘉诚定制了两个引擎，两个发电机，以防不测。“如果两个都坏掉，我船上还有一个有马达的救生艇。”李嘉诚说。

可以说失败对于任何一个李嘉诚似的成功企业家来说，都是最好的成功助推器，正是这些失败使得他们更快地走上了成功之路。

其实，失败是我们人生的一条必经之路，是一堂人生的必修课，这是一种历练，不经历失败的风风雨雨，又怎么能见到绚丽斑斓的彩虹呢？人生在摸爬滚打中走过去，有阅历沉淀下来的内涵，才会慢慢变得淡定从容，对人生的真相才会有一些了解；反之，如果人的一生一直顺风顺水、风平浪静地度过，那人生中的百般滋味就体会不到，这也未尝不是一件遗憾的事情。因此我们要珍惜每一次失败的机会，并努力从上一次的失误中发掘有价值的教训，不断充实自己成功的经验。

戴尔·卡耐基在《人性的优点》中说道：聪明的人永远不会坐在那里为他们的损失而悲伤，却很高兴地想办法来弥补他们的创伤。莎士比亚也说：唯一可以使我们过去的错误有价值的办法，就是冷静地分析过去的错误，并从错误中得到教训，然后再把错误忘掉。

很多人懂得这个道理，但是却很少有人真正这样去做。很多时候，我们只是把这句话当成一句有道理的名言，放在一边，在自己遇到失败的时候该怎么做还是怎么做，该怎么后悔还是怎么后悔，却从不想着将内心的忧愁和烦恼驱逐到心外去。所以，当你开始为那些已经做完或过去的事忧虑的时候，要及时地提醒自己打住！因为要知道，就算是一秒钟之前发生的事情，能改变的也只是这件事情带来的影响，而不能改变当时所发生的事情。遗憾的是，我们中的很多人正在尝试挑战这种不可能的事情，结果可想而知，等待他们的只能是无尽的烦恼。

我们都听过“不要为打翻的牛奶而哭泣”这句名言，在很多人眼中它甚至是一句很陈旧的套话，但是你知道这句话的智慧吗？你从这句话中得到什么启迪了吗？你在遭遇失败的时候想到用这句话来帮自己一把了吗？如果没有，那真遗憾，你错失了非常重要的一堂人生必修课。

你是不是常常为自己犯下的错误自怨自艾？你是否在试卷交上去之后，整夜整夜地睡不着，担心自己考试的成绩？你是否老是在想你过去做的那些事情，并自欺欺人地想，如果当初我没有那样做就好了？但是那些牛奶都已经打翻了，无论你怎么后悔，怎么抱怨，怎么着急，都不可能再挽回一滴。我们能做的就是丢掉那些打翻的牛奶，并思考下一次怎样把牛奶保护好。

世界重量级拳王杰克·登普西曾在输掉拳王头衔时说：“在拳赛当中，

我突然发现我变成了一个老人。到第十回合结束的时候，我还没有倒下去，但也只是没有倒下去而已。我的脸肿了起来，而且有很多处伤痕，两只眼睛几乎无法睁开，我看见裁判员举起我对手的手，宣布他获得胜利。我不再是世界拳王，我在雨中往回走，穿过人群回到自己的房间。在我走过的时候，有些人想来抓我的手，另外一些人眼里含着泪水。”

一年之后，我又参加了一次比赛，可是一点用都没有，我就这样永远完了。要完全不去为这件事烦恼确实很困难，可是我对自己说：“我不打算生活在过去里，或者是为了打翻的牛奶哭泣，我要能承受这一次打击，不能让它把我打倒。”

在巨大的失败面前，杰克·登普西的做法是承受一切，忘掉他的失败，然后集中精力为未来计划。他经营百老汇的登普西餐厅和大北方旅馆，安排和宣传拳击赛，他让自己忙着做一些富于建设性的事情，使自己既没有时间也没有心思为过去的失败担忧。杰克·登普西说：“在过去十年里，我的生活比我在做世界拳王的时候要好得多。”

我们的人生必定要经历失败，但千万不要把失败的责任推给命运，要学会从自己的身上找问题。仔细分析失败的实例，在失败中寻求经验，而不要计较失败让我们失去了什么。失败是正常的，但重复同样的失败就是一种耻辱，而颓废则是懦弱者的选择。成功是一连串的奋斗。要敢于屡败屡战，要摒弃消极思想，全力以赴，不消极等待，在吸取教训中改善求进。

“成功是经过多次错误甚至大错之后才得到的”，用毅力克服阻碍，做自己的对手，战胜自己。把失败的泪换为成功的笑，这是智者的选择。如果你还没有学会这样处理自己以往的过失，那不妨试着这样做一做，你会发现失败别有一番价值。

挑战逆境，赢得辉煌人生

1.我告别童年、投身社会，悲惨的经历催促我快速成长，短短的几年内，我为自己空白的人生确定了方向。

2.纵使没有人能告诉你前路是什么一道风景，生命长河将流往何方，然而，在这过程中，你会领悟到丘吉尔多年的名言："只要克服困难就是赢得机会。一点点的态度，但却能造成大大的改变。"

3.做生意一定要同打球一样，若第一杆打得不好的话，在打第二杆时，心更要保持镇定及有计划，这并不是表示这个会输。就好比是做生意一样，有高有低，身处逆境时，你先要镇定考虑如何应付。

4. 你永远要感谢给你逆境的众生。

5. 人生的过程中尽管不无遗憾，但我学到最价值连城的一课——逆境和挑战只要能激发起生命的力度，我们的成就是可以超乎自己想象的。

善行天下

人生中难免会遭遇一些坎坷和磨难，在困境中如果有人帮你那是幸运，孤军奋战则是一种常态，每个人都要有这种心理准备。身处困境，不要去埋怨命运，也不要自暴自弃，真正的强者会直面风雨站起来，把眼前的困境看成是一种难得的历练，怀抱梦想继续奋斗。我们会遇到不满意的工作，被人批评指责，但是请相信这些都会过去。智慧的人懂得如何利用这些困境，让自己快速地成长起来。

东周年间，诸侯割据，战乱频仍。齐桓公、宋襄公、晋文公、楚庄王、吴王阖闾、越王勾践相继称霸。吴越争霸以极强的戏剧性连环上演，在勾践被迫臣服吴国后，勾践不得不苟且偷生，但他意志并未消沉，也并未一蹶不振。而是在他心里顽强抗争，忍辱负重地以“十年生聚，十年教训”应了蒲松龄那句自勉联“有志者，事竟成，破釜沉舟，百二秦川终属楚；苦心人，天不负，卧薪尝胆，三千越甲可吞吴”。那一刻，世界属于终究没被彻底打趴下的勾践，他再一次站起来了。

“扬州八怪”之一的清代画家郑板桥，52 岁才得一子，取名宝儿，对其管教甚严从不溺爱。他在病危时把儿子叫到床前，指名要吃儿子亲手做的馒头。父命难违，儿子只得勉强答应。可他从未做过馒头，请教了厨师，费了九牛二虎之力，终于做好馒头，喜滋滋地送到床前，谁知父亲早已断气。儿子哭得像泪人一般，忽然发现茶几上有张信笺，上面写着：“自己动手才能吃得香甜。”言短情长，道出了做人最重要的道理，即自立自强是人在这个世界上立足的根本。著名教育家陶行知也劝勉年轻人："淌自己的汗，吃自己的饭，自己的事情自己干，靠天、靠地、靠祖宗，不算是好汉！"表达了同样的道理。一个人首先你得自己养活自己，然后才能去考虑梦想、未来、事业等问题，否则就只是空谈。

《周易》中的名言"天行健，君子以自强不息"，说的是：天的运动刚强劲健，相应于天，君子处世，应自我力求进步，刚毅坚卓，发愤图强，永不停息。李嘉诚从泡茶扫地的小学徒开始，先后做过店员、推销员等工作，他坚强、勤奋、好学。面对生活中的苦难，李嘉诚没有自暴自弃，他知道任何人给自己提供的帮助都是有限的，他只有靠自立自强才能真正有所成就。

李嘉诚从小性格刚强，在父亲去世后，尽管舅舅表示要资助李家，但倔强的李嘉诚仍然决定中止学业，打工挣钱。他相信只要自己肯努力，一定能有所成就。李嘉诚的舅父庄静庵是香港钟表业的老行家，今日有关香港钟表业的著作，莫不提及庄氏家族的中南钟表有限公司。纵然如此，庄静庵仍然没有让李嘉诚进自己的公司。李嘉诚明白没有人可以帮助他，他必须赤手空拳闯出一条路来。

一个十四岁的少年要挑起整个家庭的重担是一件何等艰难的事情，但李嘉诚做到了。不仅如此，他还在一穷二白的基础上创立了自己的商业王国，这绝不仅仅只是机会的青睐，其中更重要的取决于他付出的艰苦努力和他自强不息的刚毅性格。性格决定命运，有的人，遇到困难就退缩，还没有努力就觉得自己不行，只会怨天尤人、自暴自弃。有的人，在困难面前毫不畏惧，困难只是激发他们斗志的兴奋剂，能够迎难而上，把困难踩在脚下的多是这一类人。所以他们成功了，命运也被他们智慧勇敢的双手扭转了。

李嘉诚说富家子弟就好像温室的花朵，根基不稳，经不起风吹雨打，他将自己艰难创业的历史比喻成在岩石夹缝中生长壮大的小树。他说，根基不稳的植物，在外界的压力下，不易存活，而夹缝中的小树，却能傲立风霜而不倒。因此，李嘉诚从不回避自己苦难的童年，相反，他认为那是一种难得的历练，只有经历过苦难的人，才会珍惜一点一滴的来之不易。

一位智者曾说："没有苦难的人生不是真正的人生。"一个人只有经过困境的砥砺，才能焕发生命的光彩，这句话仿佛是李嘉诚成功秘诀的写照。如果他幼年时光不经历家庭变故，一直幸福至今，那么或许会出现一位学者、一位教书育人的老师，但绝不会成为一个富甲天下的华人首富。命运是公平的，历经苦难将给李嘉诚以新生，改变了他原有的人生轨迹，从而让他有所成就。

李嘉诚说，苦难是最好的学校。甚至在他教育两个心爱的儿子时，都不会以放纵的方式去宠溺。李嘉诚每次给孩子零花钱时，先按10%的比例扣下一部分，名曰"所得税"。看起来让人啼笑皆非，好似经商人的惯用思维在作怪。常人不明白这么做背后的苦心和意义。其实，李嘉诚之所以这样做，就是为了教育自己的小孩在花钱时不得不事前进行仔细盘算，做一个全盘和长久的考虑。他比普通父母更进一步的是，他给的是现实的锻炼。这种"苦难"，应该是李嘉诚数年来的心得吧。

在事业面前，在困境当中没有一蹴而就，随随便便就成功的，必须付出艰苦的努力，不懈的追求。马克思说：在科学上面没有平坦的大道可走，只有那些不畏艰险，沿着陡峭山路攀登的人，才有希望达到光辉的顶点。

人不要轻易地否定自己，要自重自爱，对自己要有信心，相信"天生我材必有用"，奋起直追，努力不懈，肯定能成就一番大事业。颜渊有云："舜何人也，禹何人也，有为者亦若是。"人在本质上是没有区别的，"一般骨肉一般皮"，只要你努力，不自暴自弃、不懈怠，抓住发展的机遇不松手，成功必然会降临到你身上。

正视不可避免的现实

1.只要面对现实，你才能超越现实。

2.毅力就是把别人认为不可能的事变成现实。

3.思路清晰远比卖力苦干重要，心态正确远比现实表现重要，选对方向远比努力做事重要，做对的事情远比把事情做对重要。拥有远见比拥有资产重要，拥有能力比拥有知识重要，拥有健康比拥有金钱重要！——成长的痛苦远比后悔的痛苦好，胜利的喜悦远比失败的安慰好！

4.我知道，只有怨愤而欠缺思维，只会令你更软弱、更惶恐，使你付出更大的代价和承受更大的痛苦。我要把愤怒转为对自己更高的要求，和

更专注解决问题的动力。只有能面对现实的人才可征服现实，只有更加勤奋，更具观察力和韧力的人，才可改变困境，创造机会和缔造希望。

善行天下

在漫长的人生岁月中，我们肯定会碰到一些事，它呈现在我们面前的时候，已经是不可能改变的事实。这个时候，理性的选择就是把它当作不可避免的情况加以接受，并且适应它。当然我们还有另一种选择，那就是：让自己沉浸在这个痛苦的事实里，从此一蹶不振，乃至毁掉你的整个生命。

叔本华说："能够顺从，这是你踏上人生旅途最重要的一件事。"我们必须接受和适应那些不可避免的事实，这是一堂艰难的课程，但是无论如何我们都要学会。很显然，环境本身并不会使我们快乐或不快乐，对周遭环境的反应才是感觉的来源。因为如果遇到一些无法改变的事实，无论采取的是顺从、反抗还是难过，它们都是一成不变的，但是我们可以改变自己。所以能减轻难受程度的办法就是：爽快地接受它。

日本的柔道大师教他们的学生"要像杨柳一样柔顺，不要像橡树一样挺拔"。如果你见过南方和北方的冬天，你会发现，在下雪或下冰雹的日子里，树枝上堆满了厚厚的一层雪。南方的树枝在重压之下并没有顺从地弯下来，而是骄傲地反抗着，终因承受不了重压折断了。而北方的树就聪明得多了，那些柏树和松树上落的雪明显比南方的柳树厚重，但是它们从来没被冰雪压垮过，因为这些聪明的常青树知道怎样去顺从压力，知道怎样弯曲枝条，懂得怎样适应不可避免的情况。

你知道汽车轮胎为什么能在路上跑那么久，并承受那么多的颠簸吗？起初，制造轮胎的人想要制造一种能够抗拒路上颠簸的轮胎，结果轮胎不久就被切成了碎条。后来，他们又做出了一种轮胎，吸收路上所碰到的各种压力，这样的轮胎就可以“接受一切”。在曲折的人生路途上，如果我们也能够承受所有的挫折和颠簸，我们就能够活得更加长久，我们的人生之旅就会更加顺畅。

如果我们不接受这些挫折，而是去反抗生命中所遇到的曲折，那么我们就会像那些反抗冰雪的南方树木一样被折断。而当我们不再反抗那些不可避免的事实之后，我们就能节省下精力，创造一个更加丰富的生活。没有人有足够的情感、精力，在抗拒那些不可避免的事实的同时，又能利用这些情感和精力去创造新的生活。你只能在这两者中选择其一，你可以面对生活中那些无法避免的暴风雨弯下自己的身子，你也可以抗拒它们直至自己被摧残。

李嘉诚是一个非常刚强的人，但他的刚强中带着韧性，能屈能伸。他在十四岁的时候历经丧父之痛，但他并没有被悲痛击倒，因为他知道这是自己回避不了的事实，再多的心痛也无法挽回父亲，他很快就振作起来了。全身心地投入学习和工作中，努力为全家人的衣食而努力。如果他在这个时候还沉浸在失去父亲的痛苦中不能自拔，那他就无法胜任那份小学徒的工作，很可能我们就看不到现在的这个李嘉诚了。

但这并不是说，在碰到任何挫折的时候，都该不做一丝努力就轻易放弃。因为有些事情，我们凭自己的思考就可以判断出是否有挽回的余地，如果没有，那就要学会尽快地接受事实，并开始为别的事情努力。其实很多时候，人都可以很准确地判断出事情发展的趋势，但执迷不悟的人也不在少数，他们明知道这是一条不归路也不愿意回头，最后只能是自我伤害。

其实，人生中遇到的那些不可避免的不如意事，并不是我们生命的全部，也不是人生的全部价值所在。我们为了这个部分，就让全部的人生陷入痛苦的深渊，这就是因小失大，愚蠢的人才会干这样的傻事。

有一次，在美国南北战争中，林肯的几位朋友攻击他的一些敌人，林肯说：“你们对私人恩怨的感觉比我要多，也许是我这种感觉太少了吧；可是我向来认为这样很不值得。生命很短暂，一个人实在没有时间把他的

半辈子都花在争吵上，要是那个人不再攻击我，我就再也不会记他的仇。”这就是一个智者的态度，不在不值得的事情上浪费生命和时间。

富兰克林小时候，犯了一个以后70年一直没有忘记的错误。当他7岁的时候，他喜欢上了一个哨子，于是他兴奋地跑进玩具店，把他所有的零钱放在柜台上，也不问问价钱就把那只哨子买了下来。然后他回到家里，吹着哨子在整个屋子里转着，对他买的那只哨子非常得意。可是等到他的哥哥姐姐发现他买哨子多付了钱之后，大家都来取笑他，他最后懊恼地哭了一场。

富兰克林后来说：“因为买哨子多付了钱，使我得到的痛苦多过了哨子所带给我的快乐。当我长大以后，我见识到很多人类的行为，我认为他们都为了买哨子付出了太多的钱。我相信，人类的苦难都来自于他们对事物的价值做了错误的估计，也就是他们买哨子多付了钱。”

那些不可避免的事实就是我们人生中的那些哨子，它们的价值有多高，我们要做出正确的估价。不要赋予那些不可避免的事实太高的价值，否则到头来你只能像7岁时的富兰克林一样，懊恼地哭一场。

第九话

知足者常乐，感恩者常成

毫不夸张地说，一个大企业就像一个大家庭，每个员工都是这个家庭的一部分。

孝天的钱一定要花

1.孝天的钱，也就是孝顺爸爸妈妈的钱一定要给。

2.万一你还没有赚钱的能力或没有收入，没有办法用金钱来孝敬父母，也要记得，至少要“顺天”。我的意思是，当你和父母意见相左时，尽量用柔顺、平和的方式跟父母沟通。

子曰：“孝，德之本也。”孝道是中国传统文化的基础，是做人的根本。一个孝敬父母的人会有一颗善良、仁慈的心，这是一切善行的本源。假若一个人连自己的父母都不孝顺，那他对待别人就不可能会有慈悲善良的真心。

儒家《孝经》开宗明义章曰："身体发肤，受之父母，不敢毁伤，孝之始也；立身行道，扬名于后世，以显父母，孝之终也。夫孝，始于事亲，中于事君，终于立身。"孝道是一切德行的根本，而孝敬父母则是孝道的开始。

我们再来看"孝"这个字。"孝"字在甲骨文里的写法，是一个少年人牵着一位老年人的手，慢慢地走。"孝"字从右上到左下那长长的一撇，便是老人飘荡的胡须。从甲骨文字中我们也能够感受到，"孝"的内涵是一种晚辈对长辈不间断的关心与照顾，是一种对生命的敬畏。

李嘉诚出身书香门第。他的族人因治学风气浓厚、知书达礼、学问渊博而深受乡邻爱戴，在乡村之间有很高的名望。他的父亲是一位乡村教师，因此，李嘉诚从小就备受中华传统文化的熏陶，他正直、诚信、善良的品德，是从幼年就沉淀下来的。读过圣贤书的李嘉诚深知父母的辛劳和恩情，所以他从小就特别孝顺，这些我们从他的人生经历中都能找到依据。

1939年9月，日本帝国主义的铁蹄踏上了李嘉诚的故乡——广东潮州。李嘉诚全家在父亲的带领下冒着生命危险、历尽辛苦辗转到了香港，寄住在舅父庄静庵的家里。不幸的是，在到达香港后不久，父亲李云经就因劳累过度，积劳成疾，倒在了病床上。李嘉诚身为长子，父亲的辛劳他一直看在眼里，可是因为年纪太小，很多事情都帮不上忙，所以他就拼命地用功读书，期望能用自己优异的学习成绩为父亲带来一些喜悦和安慰。

在父亲住院期间，李嘉诚尽心侍奉，即使刮风下雨，也阻挡不了他去医院探望和照料父亲的孝心。他每天很早到医院，待到最后时限才离去。在父亲的病榻前，尽管心里很难过，李嘉诚也从未表现出丝毫的哀伤，以免父亲担忧。

李嘉诚的父亲得的是肺病，一到晚上就咳嗽得很厉害，父亲深夜里痛苦的咳嗽声在李嘉诚的心里留下了深刻的印象。那时的李嘉诚就发誓，如果将来自己的事业能达到一个高度，那他一定要为医疗事业作些贡献。转眼六十多年过去了，如今已八旬高龄的李嘉诚在提及父亲当年的病况时仍

掩不住心底的悲痛。李嘉诚的慈善事业涉及很多方面，其中投入最大的就是教育和医疗。关于这一点，李嘉诚在接受香港《亚洲周刊》杂志的采访时就坦称，这样的安排与自己幼年的经历有很大的关系。幼年的自己无力帮助父亲战胜病魔的遗憾，让他一直不能释怀。

李嘉诚的母亲庄碧琴女士自幼受到良好的文化教育，知书达礼，贤惠善良。李嘉诚在母亲的教诲中长大，从小就懂得体谅双亲的艰辛，很有孝心。父亲去世后，作为家中长子的李嘉诚忍痛放弃学业，到处找事情做，努力帮助母亲挑起生活的重担。这对于一个十四岁的孩子而言，是何等的可贵，也足以见李嘉诚对母亲的孝心。庄碧琴女士在世时，李嘉诚的事业就已经做得很大了，每天忙碌于商务的他，总要定期参拜高堂，聆听教诲。后来，母亲因病重需住院治疗，李嘉诚更是亲自抱母亲上下救护车。即使每日事务缠身，他也在母亲住院治疗期间，侍奉汤药，日夜守护在母亲床前。

1986 年 5 月 1 日，母亲去世，李嘉诚为母亲举行了隆重的葬礼，遵母亲遗愿，后事按佛制办理，灵柩葬于柴湾佛教墓地。母亲去世后，李嘉诚一直把母亲对自己的教诲牢记在心：多做善事，广积福报。他把李嘉诚基金会的慈善事业越做越大，投入了很多的时间和精力来帮助有困难的人，可见他孝心的真诚。

《弟子规》有云：亲有疾，药先尝，昼夜侍，不离床。尽孝是每个人应尽的义务，但是，把对父母长辈尽孝当成义务来做的人，还不能算是真正的孝子贤孙。对父母的孝敬是要从内心深处发出来的，真正感受到父母的恩德、体会到父母的良苦用心才会用百分百的恭敬心孝顺父母，对父母的孝敬才是真诚的，无怨无悔、发自内心的。

不孝有三，无后为大，这句话人尽皆知。但是，按照大多数人的理解，“后”就是下一代的意思，以为生个儿子让家族后继有人就是孝顺，这是不对的，我们的老祖宗孟子也不会说这样浅薄的话。所谓“后”，是指先辈留下来的良好的家教、礼仪、品德和德行，如果失传了，没有传给下一代，那就是不孝，这才是“无后为大”的意义所在。李嘉诚把从父辈身上学到的真诚正直的品德和坚忍不拔的良好品质很好地教给了两个儿子。李嘉诚说，在教导子女时百分之九十九的应该教给他们做人的道理，即使现在他们长大了，也应该是三分之二教他们如何做人，三分之一教他们如何做生意。李嘉诚很注意对儿子的早期教育，他严格要求儿子艰苦朴素、不讲排场，要他们注意树立自己事业上的信誉，恪守承诺，而且他要儿子为别人着想、不贪图小利、勤劳肯干、务实奉献。将这些优良的品质一代代传给后人才是真正的孝子，这也是父母最愿意看到的，李嘉诚不愧是人人称道的大孝子，他确实做到了。

孝敬父母是我们人生的头等大事，是一切德行的根基。古往今来，历史上大凡有成就的人必定都是孝敬父母的典范。司马迁历尽千难万险、忍辱负重完成《史记》就是为了达成父亲的心愿，孝心是他永不放弃的动力；勾践卧薪尝胆，也是为了替父亲报亡国之恨。对父母的孝敬是永不干涸的力量之源，让我们奋勇向前。

孝敬父母不是挂在嘴上的一句空话，要付出实实在在的行动。我们很多人都习惯这样想“等我有钱了就去孝敬父母”“等我有时间了就回家看父母”，我们忘了年迈的父母是经不起等待的。世间没有一桩事情比孝养父母更重要，也没有一桩事情比侍奉双亲更紧迫，父母一天天地老了，身体一日不如一日，他们最大的心愿就是子女能陪在身边。所以，孝敬父母从现在就要开始行动，千万不要留下“树欲静而风不止，子欲养而亲不待”的遗憾。

奉献是一种内心的财富

1. 人总有一天要离开这个世界，当你离开这个世界的前一段时间，如果你能够快快乐乐地回想起，这一生虽然人家也为我服务很多，但我也为人家服务不少，那么，你就会真真正正地快乐。

2. 我对汕大比对其他的事还要操心，汕大在我心目中的地位胜于其他事业。今后校方如因科研发展需要投资或增添设备，本人也愿意考虑。汕大的事业是我的终身事业。在事业上，一切都可以失败，但汕头大学一定要办下去。

3. 有的人，他虽然非常长寿，但是人家也没有得到他的益处，所以他这一生是有一点浪费了。如果有的人虽然年纪非常轻就去世了，但是他对我们这个社会有非常好的贡献，那么他虽死犹生。我觉得最要紧的是内心的富贵。一个人有了衣食住行这个条件后，应该对社会多一点关怀，或者说义务，或者说责任。

4. 竭尽绵力，坚守信念，永恒如一，毫无私心，办好汕大。

善行天下

有一次，汕头大学医学院的院长来到香港，与李嘉诚约好在午饭时间商谈筹建汕头大学医学院眼科中心事宜。而在此之前，李嘉诚的儿子在生意上有一些事要与李嘉诚商谈，李嘉诚说只给他五分钟，因为五分钟之后李嘉诚约了汕头大学的人谈公益。对于那些要用钱的公益项目，谈两三个小时还嫌少，而对那些赚钱的生意，却是只给儿子 5 分钟，这就是大富之后的李嘉诚。

李嘉诚在汕头大学，曾经说过一句几乎让所有汕大人传诵的名言，“我对教育和医疗的支持，将超越生命的极限”。

十几年以前，当李嘉诚开始捐建汕头大学的时候，当时香港大学的校长曾经警告过他，说医学院很贵的，好像一个大海洋一样，比一般的大学可能贵十倍。买仪器及各方面的投入都要多，而且医学院一定要有附属医院才有用。他劝李嘉诚捐建大学不一定要建医学院，可以建一些费用较低的大学。

可是李嘉诚坚持己见，执意要办一个医学院，这当然不会是沽名钓誉。

从建校以来，李嘉诚对医学院和附属医院的捐资巨大。他对于医学院眼科中心倾注了很多的心血。他曾经说人没有一条腿，没有一只手，还能看得到这个世界，可是没有眼睛的人，整个人生都是黑暗的。

清朝文人文康有句俗话叫做“雁过留声，人过留名”，比喻人的一生

不能虚度，应做些有益于后人的事。在筹建汕头大学之时，有人建议将这所大学命名为李嘉诚大学。然而，当李嘉诚为汕大投入了无数的金钱、心血和感情的时候，汕头大学却没有采用李嘉诚的名字来命名。李嘉诚对此的回答是："这个名呢，真的是……如果你建起一个大学，太多的股东的名字，这边一个，那边一个。我自己好像是感到有不好的地方。有的人希望最好自己的名字更大一点，更醒目一点。但是，一个人有一个人的人生观，我的人生观就是我做的都是自己认为对这个国家民族有利的，只要能这样做下去的话，那么没有我的名字是不要紧的。"

在李嘉诚人生奋斗中，他有两个事业，一个是拼命赚钱的事业，另一个是不断花钱的事业。他在积累起一定财富的时候，就很积极地发展慈善事业，为医疗和教育事业投入了大量的资金，作出了巨大的贡献。但是李嘉诚的事业并没有因为他对外界的巨额捐款而受到影响，相反，他的事业做得越来越好。由此可知，做善事不会给你带来任何坏处，只会给你积攒福报，当你的福报积攒得越来越多的时候，做什么事情都会很顺利，好运会常伴你左右。

李嘉诚说，财富不是用金钱来衡量的，内心的富贵才是真正的财富。真正的"富贵"，是作为社会的一分子，能用你的金钱，让这个社会变得更好、更进步，让更多的人得到关怀，能够在这个世上对其他需要你帮助的人有贡献，乃真富贵。

李嘉诚引用中国哲学家的观念来加以说明："贵为天子，未必是贵；但是，贱如匹夫，不为贱也。关键是看你的一生所做的事，所讲的话，怎样对人对事。这个是我自己领悟出来的。"他笑称，若自己能够在这个世界上，对其他需要帮助的人有所贡献，这便是内心的财富。"这个才是真财富，因为金钱的财富，你今天可能涨了，身价高很多，明天掉下去，可能一夜之间，减少一半，这种例子有的是。但只有你做些让世人得益的事，这就是真财富，任何人都拿不走。"

奉献是一种内心的财富，真正的财富离不开内心的富有，在夜深人静时扪心自问能无愧于自己的良心，内心盈满幸福和感恩，对生活没有抱怨，对他人没有怨恨，眼前时有明月清风，能领悟生活的美好，这才是人生真正的财富。

生命的价值在于奉献。唯有通过不断激发自我潜能、增强为社会服务和创造价值能力，才能活出生命最真实的意义。愿每个人都能成为心灵富豪，愿每个人都因为内心的丰厚而显得或神采奕奕，或气质清华。

仁义与幸福同在

1.留些好处给卖家，日后配售时就会顺利，赚钱事小，维持良好的信誉才是大事，是生意不断之源。

2.世上不乏精明的人，人家信任你，愿意和你交往才最重要。我经常教导他们要诚信，我的很多生意都是别人主动找上门来的，单凭我的资金是不可能运筹那么多生意的。对客户、对合作伙伴守信，对朋友要仁义，是一生都用得着的大道理。

孔子讲“仁义礼智信”，仁排在第一位，这说明他把仁作为最高的道德准则。仁是中国传统道德规范和伦理思想的核心，“仁者，爱人也”，“仁”的最初含义是人与人之间的亲善关系，它对中华文化和社会的发展产生了重大的影响。中国传统文化特别重视仁爱的作用，所谓“爱人者，人恒爱之”，说明在人与人的交往中要用“爱”做主导。佛法讲宇宙的中心是爱，说明仁爱确实是人与人、人与万物之间最根本的关系。

但是，我们倡导创新、科技、个性，传统文化被迫边缘化。在现代经济社会，恶性竞争层出不穷，你损我、我黑你，互相挤对、拆台，一心只想着把别人踩在脚底下好让自己爬上去，很多经营者更是把这样的竞争模式视为商业竞争的正常状态，认为竞争本来就是这个样子的，其实这是不对的。竞争的实质应从内部着手，即从改善企业自身的管理体制、提高产品的质量、不断生产出适应市场需要的新产品等方面来努力，总之就是要从自己身上来改，而不是去损害别人。

仁是治国之良方，亦是管理企业的良策。有些人喜欢在背后说人坏话，与一些生意伙伴打交道的时候也总是将竞争对手的一些缺点挑出来大肆渲染，甚至无中生有、恣意破坏别人的形象，以为这样就能达到击败竞争对手的目的。其实不然。有智慧的人都知道，在背后说人是非的人，他的品德绝对高尚不到哪里去，他本人的道德都值得怀疑，大家还能信任他生产的商品吗？这是一个显而易见的道理。反之，如果你能在别人面前对你同行的其他商家表示你的赞叹和好感，会让人觉得你这个人宽容大度，是个真正的君子。虽然你没有说一句推销自己的话，人家也会愿意和你做生意，因为你的人品值得信任。

李嘉诚说："这么多年来，差不多到今天为止，任何一个国家的人，任何一个省份的中国人，跟我做伙伴的，合作之后都成为好朋友，从来没有一件事闹过不开心，这一点是我引以为荣的事。"真正仁义的人，走到哪里都不会有敌人，因为他是用一片赤诚的心来对待他人，以心换心，人家自然会回报他。仁者无敌，仁者有真朋友。真正的仁义君子永远不会有穷途末路的那一天，因为大家都会来帮助他、支持他，他做什么事情都会很顺利。李嘉诚一直强调，他事业成功的最重要原因是有那么多的人帮助他，他认为多结善缘就能多得到别人的帮助，他懂得这个道理且一直积德行善，事业因此变得红红火火。

在李嘉诚的人生字典里，以和为贵是最基本的原则。在他的奋斗历史中，从来没有因为利益和自己的生意对象撕破脸的情况发生。

生意场上常说同行是冤家，但这句话在李嘉诚这里并不成立。为了各自的利益，同行间可能都会互相妒忌，这似乎是常情。李嘉诚却认为，一进一出，就能出现赚与赔的差别；一进一退，都是生意场上的人情买卖。只一味地想自己赚钱，说不准什么时候就会遇见地雷。尤其是在同行之间，有竞争，有合作，但千万不要作对，不要只顾着自己赚钱而挡了别人的财路。李嘉诚说，如果一项生意只有自己赚钱，对方一点不赚，这样的生意他绝对不干。正因为如此，李嘉诚在生意不成的时候也交到了很多朋友，这也就是所谓的买卖不成仁义在。可以毫不夸张地说，李嘉诚生意的不断壮大，很大程度上正缘于此。

那些只追求利益的人，是被利益的门槛挡在生活的大门之外的人。他们没有真正地体验过健康自足的生活给心灵带来的快乐，所以就只能去追逐暂时的快乐。这种人也许会变得富有，但是心灵会疲惫不堪。买卖不成仁义在，心中的仁义在，快乐就不需要从外在的环境中去追求。

生活里不仅买卖如此，很多事情也都是如此：一份事业，你殚精竭虑地思考，最后得到社会的认可并且站稳了脚跟；一份工作，你付出了脑力或体力的劳动，得到自己的薪水；一份感情，你用心地呵护，最后有情人终成眷属……可是什么是仁义呢？仁义就是事业失败了，工作失去了，爱人分手了，而你并没有去怨恨，你深深地知道真正的快乐来源于何处，你明白那些不成的事情也是生活的一部分，你不会因为一次失败就轻易地改变自己身上那些金子般的品质。你会调整自己，从头再来，因为这时你已经成为一个真正的强者。

仁义与幸福同在。胸中常怀仁义之心，幸福才会接踵而至，收获成功，享受人生。

有恩莫忘报，有难莫忘帮

1. 关心是潮流。

2. 但愿天下有心人，广建书院千万间。

3. 善与人同，乐与人同，会使得我们的心灵更舒畅，生活更愉快。发挥人性中光明与高贵的一面，为无助者提供无偿服务。想想明天会更好，想想世界上有多少更苦的人！在别人无助的时候，帮一下他们，这是有益处的。

情义是连接人与人之间感情的纽带，一个重情重义的人才是一个处处受欢迎的人。真正的感恩应该是真诚的，发自内心的感激，而不是为了某种目的，迎合他人而表现出的虚情假意。与溜须拍马不同，感恩是自然的情感流露，是不求回报的。一些人从内心深处感激自己的老板，但是由于惧怕流言蜚语，而将感激之情隐藏在心中，甚至刻意地疏离老板，以表自己的清白。这种想法是何等幼稚啊！如果我们能从内心深处意识到，正是因为老板费尽心机的工作，公司才有今天的发展，正是因为老板的谆谆教诲，我们才有所进步，才会心中坦荡，又何必去担心他人的流言蜚语呢？

李嘉诚在五金厂做推销员时，很受老板器重，然而，在一次推销失败后，李嘉诚认识到，塑胶业的发展比五金业要大得多，因此，他决定辞职去加盟一家塑胶厂，但他同时又对自己的辞职深感愧疚，对五金厂老板也充满了感激之情，为了感谢老板的培养，临走时，他真诚地向老板建议：办企业最重要的是审时度势，五金厂要么转行做前景看好的行业，要么就调整产品门类，尽量避免与塑胶产品冲突。但当时老板并没有听取李嘉诚的建议。一年后，如李嘉诚所料，五金行业日益艰难，已濒临倒闭。得知五金厂的窘境，重情重义的李嘉诚专程赶到五金厂，找到老板，建议他立即调整产品门类，改为生产系列铁锁。这一次，五金厂老板对李嘉诚言听计从。一年后，一度奄奄一息的五金厂焕发出勃勃生机。

同时，李嘉诚又建议他为了保证领先优势，还应计划系列开发。否则，其他五金厂一齐涌上，竞争会很激烈。老板欣然采纳了他的建议，五金厂果然在同行业始终遥遥领先。

李嘉诚重情重义，心存感恩之心，令五金厂老板及其员工佩服不已。

李嘉诚时时不忘创业，他一直渴望着拥有自己的一方商业天地。为此，不安分的他再一次辞别了塑胶公司的老板，创办了自己的塑胶厂。不少李嘉诚原来在塑胶公司发展的客户都有意与李嘉诚合作，但李嘉诚无一例外地谢绝了，并且一再强调他原先打工那家塑胶公司的实力和对自己的深情厚谊，希望这些客户继续与塑胶公司保持往来关系。李嘉诚的真挚使这些客户感动，找到李嘉诚的大部分客户又继续与塑胶公司做生意。

李嘉诚对自己工作过的公司饱含深情，对培养自己的老板一直怀有感恩之心。一旦这些公司遇到困难，他都会伸出援助之手。五金厂他鼎力相帮，塑胶厂也是如此。

由于1973年世界石油危机的冲击，香港塑胶业出现了史无前例的原料大危机，李嘉诚以前的塑胶公司面临倒闭。已经是潮联塑胶业商会主席的李嘉诚，挂帅救业。将自己公司的库存原料拨给那间塑胶公司，把自己的恩公从倒闭的边缘挽救回来。已经年过花甲的塑胶公司老板噙着热泪说:“我没有看走眼阿诚的为人。”

提起李嘉诚，凡是与他有过交往的人都会称赞他的为人。李嘉诚之所以能做到这点，还与他本身的经历有关系。当年李嘉诚在茶楼做煲茶的堂倌时，一次听客人聊天入了迷，慌乱间把开水洒到了一位客人的裤脚上。一脸煞白的他等待着挨打和被老板开除的厄运，没想到这位茶客竟主动为他开脱，从那以后，李嘉诚就把茶客的善心和善举铭记在心，并把他作为自己做人做事的榜样。

李嘉诚的广博学识和重情重义的优良品质为他赢来了很多朋友。有了众多朋友的真心帮助，李嘉诚在创业过程中更是如鱼得水，事业也是蒸蒸日上。

有恩莫忘报，有难莫忘帮。人家对你好，是因为别人爱你。当我们作为一个关怀者的时候，我们不应该期待他人的感恩。因为我们之所以施予关怀是因为我们抱有这样的信念：助人为快乐之本，关怀是要证实我内心的富足。同时当我们接受别人的帮助时，要怀有感恩之心。别人之所以会帮你，是他的自我奉献，而他这种奉献是值得你去铭记的。

慈善是最富有的儿子

1. 现在我的第三个孩子已经长得很大了，至于有多大，还是个秘密，但是可以讲是相当大的数字。同时，我自己定下了一个规则：基金会现在已经有的资产，跟它增长的积蓄是一直不用的。今年它用多少、做多少、捐多少，我今年一年就还给它。就是它做多少，跟基金会现在有的数额完全无关系。在我健康的时候，基金会每年捐的钱都是我额外拿出来的。假如今年基金会做10个亿，我就放进10个亿给它。

2. 有能力选择和作出贡献是一种福分，而这正是企业家最珍贵的力量。同济心不是富裕人士专有的，亦并非单单属于某一阶层、国家或宗教的。让我们大家一起同心协力，不要再犹豫，拿出我们企业家豪迈的精神和勇气，让我们选择积极帮助有需要的人重塑命运，共同为社会进步赋予新的意义。

3. 在华人传统观念中，传宗接代是一种责任，他呼吁亚洲有能力的人士，尽管我们的政府对支持和鼓励捐献文化并未成熟，只要在我们心中，能视帮助建立社会的责任有如延续同样重要，选择捐助资产如同分配给儿女一样，那我们今天一念之悟，将会为明天带来很多新的希望。

善行天下

乐善好施、扶贫济困，是中华民族的光荣传统和美德。几千年前，老祖宗就教导我们要有仁爱之心，要与人为善。佛家讲的“慈悲为怀”，也是说人要有悲天悯人的心地，对一切人、一切物都要存善心，要“诸恶莫做，众善奉行”。但是，在经济高速发展的现代社会，中华传统文化已经被迫边缘化了，善的观念在人们的思想中缺席了很长时间。反之，竞争的意识根深蒂固，很多人关注的焦点只是“我的房子，我的车子，我的孩子，我的家庭”，很难有时间停下来去关注一下“旁人”的生活。人与人之间的关系本来应该是和谐、友爱、互信、坦诚的，但现代人却冷漠地将自己封闭起来，“事不关己，高高挂起”的思想被很多人奉为经典，这样的事实真是让人悲哀。庆幸的是，有一类人已经开始为我们做出了好榜样，李嘉诚理所当然是一个代表人物。

谈到李嘉诚的慈善义举，所有人都会竖起大拇指。他身体力行，用自己的实践将乐善好施、扶贫济困的传统美德发扬光大，提升到了慈善事业和社会公正的高度，为中国的企业家们树立了一个光辉的榜样，成功地将大众的注意力引向了扶贫济困的公益事业。二十世纪八十年代，拥有雄厚财力的李嘉诚成立慈善基金会，命名为“李嘉诚基金会”。至今，基金会已向汕头大学捐出及承诺款项 80 亿港元。少年时代的李嘉诚有过失学之痛，因此重视教育投资。父亲因病去世、自己与肺结核奋战多年则使他关注医疗。

李嘉诚说："我对教育和医疗的支持超越生命的极限。"

李嘉诚将他的基金会看成自己的儿子一样，他办学校、建医院、捐款，对慈善公益事业的投资已经超过了100亿港元。李嘉诚说得好，每个人都尽慈善本分，才可营造一个平等的社会。李嘉诚的慈善义举更有价值的地方在于，它在唤醒现代社会的慈善意识，催促人类的慈善行动。

慈善绝不仅是同情心、怜悯心的代名词，还是一种社会责任，体现的是社会奉献和仁爱精神。在李嘉诚的童年生活中，他最早接受的是中国传统文化的熏陶，《三字经》《千家诗》等儿童读物教给李嘉诚做人的道理，与人为善、助人为乐的种子在他的身上生根发芽。我们知道，李嘉诚的母亲是虔诚的佛教徒，而佛教里讲的是"尽虚空，遍法界，宇宙中的万事万物都是一个自己"，爱世间的一切人就是爱自己。在母亲的影响下，李嘉诚的心里充满了对苦难者的同情和怜惜，所以他在事业稍有成就的时候就开始为公益事业作贡献，将发展慈善公益事业视为终身的使命，矢志不渝，持之以恒。

李嘉诚曾经说："对我来说，'终身'一词给人的感觉是巨大沉重的，令人不得不反思自己走过的道路。从十二岁开始，一瞬间我已工作了六十六载。我的一生充满了挑战，蒙上天的眷顾和自己的努力，我得到很多，亦体会很多。在这全球竞争日益激烈的商业环境中，时刻被要求要有智慧、要有远见、要求创新，确实令人身心劳累。尽管如此，我还是能很高兴地说，我始终是个快乐的人。这快乐并非来自成就和受赞赏的超然感觉，对我来说，最大的幸运是能认识到内心的富贵才是真的富贵，它促使我作为一个人、一个企业家，尽一切所能将上天交付给我的经验、智慧和财富服务社会。"服务社会是李嘉诚的心声，他一生都在践行这个心愿。其实，一个人活在这个世界上能对需要你的人提供帮助是一种福分，你可以从中得到很多的快乐，这也是人真正的价值所在。

当一个人的善行义举被人们广为传颂、争相效仿的时候，他就把中国传统乐善好施的个人自发行为，提升到了自觉的社会责任、公益活动、慈善事业的高度，李嘉诚就是这样一个人物。他的慈善行为让更多的人加入了这个行列，并得到了国家政府的重视，为更多的人送去了幸福和健康。李嘉诚说，有能力选择和作出贡献是一种福分，而这正是企业家最珍贵的力量。

有人问美国慈善家查克·费尼“为何非得把所有的钱捐得一干二净”时，他回答说“因为裹尸布上没有口袋”。这个答案既精彩又理智。因为他看得透彻、通达，所以才能在这个“人为财死，鸟为食亡”的社会上独树一帜。就像李嘉诚说的，“我赚的钱这辈子，甚至几辈子都用不完，但是为什么不拿出来帮助那些需要它的人呢！”从一个人对待钱财的态度，可以看见他的内心，一个善良慈悲的人，他会感到世界上有很多不幸的人，帮助、解救他们就是自己的使命，不能不把它做好。

实际上，慈善不是企业家的专利，也不应该只是个人的自发行为，它应该成为社会的中心和世界的使命，每个人都可以各尽所能地去帮助他人。在李嘉诚的眼里，慈善并非是一件可有可无的事情。而是一件要真正花时间去做的事情。在面对重大困难时，能够不为金钱利益而动摇，不故作姿态，不打肿脸充胖子，而是慎重决策，分清轻重，目光长远，并且平和面对公益事业，舍得并且甘心于投入时间，亲自参与基金会的建设。李嘉诚与他的“第三个儿子”，才是慈善的真正意义所在吧！

感恩，让工作充满快乐

1. 工作是生命中最珍贵的礼物，感恩是对工作最有力的回报。

2. 今天工作不努力，明天努力找工作。带着感恩的心去工作，就会珍惜你的工作机会，热爱你的工作岗位，付出你的工作热情，得到应得的工作成就，达到理想的工作目标。

3. 人生最美丽的补偿之一，就是人们在真诚地帮助别人之后，也帮助了自己。

善行天下

感恩是一种责任。很多时候我们对家庭、朋友、同事、客户、领导、老板、企业、社会、大自然等的付出漠然处之，认为他们的付出是自己应得的，甚至一旦自己从他们那里获得太少，就怨声怨气。而一旦离开他们，我们还会有今天吗？其实，每一个成功的人都有很多人在背后帮助他，支撑着他。正所谓“一个好汉三个帮”“单丝不成线，独木难成林”。一棵树离开森林的保护，他可能在还未茁壮的时候就早已被狂风暴雨摧残。在工作中，我们固然需要感恩之外的其他品质与能力，但这些品质与能力就像汽车的汽油一样，虽然很重要，却离不开感恩之心所生发的激情火花。带着一颗感恩的心做事，可以让我们更好地驶入工作的快车道，作出不凡的业绩。

工作是什么？如果有人问那些职场的工作人员，他们的回答绝大部分是这样的：工作就是养家糊口的一种方式，工作就是为了工资。一般情况下，一个人一生的工作时间大概是 35 年，35 年几乎就是人的半辈子。如果你的工作让你感到厌烦、厌倦，甚至是度日如年的话，那你的这 35 年就很难熬。遇到一份不满意的工作，工作的过程就是忍耐，那这个人就很不幸，因为他半辈子的时间都生活在不快乐和抑郁之中。可想而知，人对于一份自己不喜欢的工作肯定不会有进取心和工作的热情，那他也就注定不能取得巨大的成就，这几乎就可以断定他的一生都要在这样的庸庸碌碌中茫然地度过。这个事实真让人遗憾，而有时候，很多现实条件决定我们不能按照自己的喜好从事自己喜欢的工作，在这样的情况下，如果你不想一生碌碌无为的话，唯一的办法就是改变自己的心态，改变对工作的看法。

我们要学会感恩，学会在工作中寻找快乐。李嘉诚出道的时候先是小跑堂，后是推销员。这两个工作干的时间长了同样会变得枯燥乏味。但李

嘉诚不这样想，他工作起来没有丝毫的马虎，因为这份工作是经别人介绍得来的，工作得之不易，所以他始终怀着一颗感恩之心去工作。在工作中发掘成功的经验，工作成功后李嘉诚也逐渐体会到工作给自己带来的快乐与成就感。感恩和敬业可以最大程度地激发一个人的潜能，使之迅速在职场中脱颖而出，无论你从事什么工作，都要有一颗感恩之心。

我们很多时候厌倦一份工作，并不是因为工作本身怎么样，而是因为我们没有在这个职业上做出任何可喜的成就，没有得到领导的赞扬，没有加薪，没有人在乎你的努力，所以觉得没劲，因而对工作产生厌倦的情绪。漠视责任是对感恩的最大亵渎，履行职责是发自心灵深处的感恩表现。

懂得感恩的人在处理问题的时候一定会抱着轻松愉快的态度。他们善于在工作中寻找快乐，因为他们懂得拥有感恩的心，所以能得到内心真正的快乐。

美国的青年男子詹姆斯是个薪酬只有 25 美元的马夫。他每天凌晨 4 点钟就到马房工作。他的工作包括清扫跑道、铲除马粪、替马梳洗等各种杂事。

很多人问他为什么要做这种小事，他的答复是他喜欢马，也热爱这份工作，希望做驯马师。为了熟悉马性，他必须从头学起。于是，他首先到一家赛马场应征，希望获得一份喂马的工作，而上天也很眷顾他，让他如愿以偿地得到了这份工作。几个月之后，他成为负责替马梳洗整理的马夫，这项工作一直做到现在。

詹姆斯对自己的工作满意极了，满怀感激地做着每一件事情。他似乎一点儿也不急于成为驯马师，他认为该学的东西还有很多。事实上，他已对如何驯马颇有心得，他进赛马场不久就买下了一匹纯种马，这马儿已经为他赢得了 30 万美元。从前他替别人照顾马匹，如今则是一心一意照顾自己的宝马，他还专门聘请了驯马师为他驯马。詹姆斯当马夫仅仅是因为喜欢马，但是他懂得把感恩的心融入工作中，带着激情工作，因此也给自己带来了财富。

谁都不愿意在烦恼中度过自己人生的一半光阴，那从现在起开始改变吧。

首先我们要改变自己的心态，不要把工作仅仅看成是一个挣钱的方式，而应该把自己的生命与工作连接起来，要知道工作就是在实现你生命的价值，千万不能将二者割裂开来。有句话说得很好：“愚人向远方寻找快乐，智者则在身旁培养快乐。”我们要把工作当成一种创造性的活动，看做一种自我满足，一种艺术创作，让自己全身心地投入，这样一来，再平凡的工作也会出成果，也能从中获得快乐。

《让你终身受益的成功经验》一书中，介绍了一条看似平凡、实则不凡的成功经验：变厌倦为快乐。书中举例说，刚做旋车工的萨姆尔·沃克莱日复一日的工作就是旋螺丝钉。看着那一大堆等待他去旋的螺丝钉，萨姆尔·沃克莱满腹牢骚，心想自己干什么不好，为什么偏偏来旋螺丝钉呢？他想过找老板调换工作，甚至想过辞职，但都行不通，最后寻思能不能找到一个积极的办法，使单调乏味的工作变得有趣起来？于是，他和工友商量进行比赛，看谁做得快。工友和他颇有同感。这个办法果然有效，他们工作做起来再也不像以前那样乏味了，而且效率也大为提高。不久，他们就被提拔到新的工作岗位。后来，沃克莱成了著名的鲍耳文火车制造厂的厂长。

工作是人生中很重要的一个部分，能否在工作中实现自己的价值，获得真正的快乐，是我们每个人都应该仔细思考的问题。正如安德鲁·卡内基所言：“如果一个人不能在他的工作中找出点‘罗曼蒂克’来，这不能怪罪于工作本身，而只能归咎于做这项工作的人。”

心怀感恩去努力工作，你会懂得珍惜眼前的一切，会迸发出极大的工作热情，积极主动地去承担工作，最终成为企业的中流砥柱。当你心怀感恩、主动工作时，一切困难与烦恼都将烟消云散。因此，带着感恩去工作吧，让自己主动一点、快乐一点、幸福一点！

第十话

商道心经，攻守兼备

精明的商家可以将商业意识渗透到生活的每一件事中去，甚至是一举手一投足。充满商业细胞的商人，赚钱可以是无处不在、无时不在的。

投资离不开创新思维

1. 为了适应时代发展变化的需要，也为了企业自身的生存和发展，企业必须以市场为导向，以创新为手段，以效率为核心，重建企业形象。

2. 信息革命产生了巨大的影响，特别是对商业有巨大的影响，现在点击一下鼠标就可以获得信息。传统公司的经营方式正在大大地变化，公司的速度必须快，必须有创意。

3. 百年来，科学家与企业家为了人类的福祉，追求各种创新发明和工业发展，我们生活的能源，解除痛苦疾病的药物，通讯网络，都是以知识为核心的发明与创新。

4. 企业能否创新、能否“标新立异”，决定着企业是否具有核心竞争力，是否能取得竞争优势，也就决定了企业是竞争中的失败者还是胜利者。

5. 面对今天的竞争，香港人需要抛开昔日自满的心理。将来香港的情形会与今天的美国一样，受教育多、知识水平高又用功的，收入会向上，收入低者则越来越萎缩。这是社会的经济转型，我们已走进知识型经济。解决这一问题要双管齐下。短期输入一些高教育水平的技术移民对香港至关重要。而长期则要加强教育，提升香港大学生的水平。单是大学学历已不足够，希望有硕士、博士程度，才经得起考验，加上香港人一贯灵活和有拼搏精神的优点，便可与外国的强者竞争。

善行天下

外界常道李嘉诚投资眼光准确，常见成功获利的例子。李嘉诚先生有着超越常人的眼光和投资心经，那就是他知道什么值得投资。当前，全球掀起了新一轮科技革命，新能源、生物工程、纳米科技、大数据等一系列新技术风起云涌。谁能占领新的制高点，谁将主导世界的未来。李嘉诚早年靠生产塑胶小商品起家，后来进军地产和各大行业。现在，85岁的他把目光转向了科技业。李嘉诚坚定选择寄希望于科技。

2013年，作为华人首富的李嘉诚出售了他在内地价值数百亿元人民币的物业和股票，因为李嘉诚立志进军新行业，当时的人抛售可能正是投资战略的一部分。

李嘉诚基金会公布的新项目包括人造鸡蛋、折叠LED灯、大数据筛查癌症、非转基因育种技术、废水生物处理产品、生物可降解食品包装以及客观评估个人信誉系统。

这些产品因为其高科技含量和时代气息，非常吸引世人的目光。人造鸡蛋研发人员介绍说，他们通过从植物中提取养分，制作出与鸡蛋味道及营养价值相媲美的蛋制品。人造鸡蛋成本仅为鸡蛋的 48%。

股神巴菲特曾跟他的朋友比尔·盖茨说，自己不会投资互联网业，因为对这个新行业缺乏了解。而李嘉诚懂得一个道理：在 21 世纪，新技术层出不穷，市场变化极快发展的今天，只有靠投资科技才可以保住首富位置。传统投资领域在新世纪在走下坡路，只有认清形势，发动头脑风暴，紧紧依靠创新思维才可以使自己立于不败之地。

虽然李嘉诚年年蝉联华人首富，根基都在传统行业（如房地产、航运等），但在新世纪以后，他不惜抛售物业转投陌生新战场，足以折射出时代发展的趋势。

在 2014 年的福布斯香港富豪榜中可以看到，尽管地产富翁和传统行业的企业家仍然霸占富豪榜的前列，但科技新贵的面孔 2014 年也开始上榜，如首次入榜的电商巨头阿里巴巴集团副主席蔡崇信。早在 2007 年，阿里巴巴集团董事局主席宣布为阿里巴巴安排香港上市的计划时就表示，上市后，阿里巴巴将造就香港最大科技股，也将支撑更多人“百万富翁”的梦想。2013 年是中国传统商业体系全面进入电子商务的爆发之年，几乎所有的传统经济领域都开始投向电子商务领域，这一重要转型，为阿里巴巴在香港的持股人“财富爆发”创造了重要机遇。

让人们惊奇的是，李嘉诚在新技术和新环境的冲击下，依然稳坐榜首宝座。李嘉诚之所以能保住首富位置，主要靠海外投资旗舰和记黄埔全年股价从 83 港元扶摇直上到 103 港元，贡献了 500 亿港元。而他的“本业”长江实业去年在港全年 300 亿港元的售楼目标，只完成了不足 50 亿港元，是过去 13 年来的最低。李嘉诚的投资门道离不开对科技的认识，离不开敢于突破传统方向的创新思维。李嘉诚近年多次入股海外的 IT 企业，包括 Facebook（脸书）和投资“人造鸡蛋”并亲身试食“炒人造蛋”等新科技项目，让财富得以继续攀升。这从另一个角度验证，首富财富的增长得益于涉足多行业、新领域，李嘉诚找到了新的经济增长点。

要想在投资方向上有所创新，就要打破所有束缚头脑的条条框框，来一个彻彻底底的头脑风暴，让我们的大脑接受“洗礼”，获得新生！要拥有超强的发散思维，要通过丰富的实践挖掘市场。只有这样，才能让我们的思考——非同凡“想”！

诚如科学巨匠爱因斯坦所言：想象力远比知识来得重要。对于拥有创新精神的人来说，一刻接一刻，每一刻都是新鲜的，带着“新生”的味道。只有这样，才能让我们不再迷惑于斑驳繁复的表象，而是洞察事物的本质，从根源上解决问题。

乔布斯的合作伙伴史蒂夫·沃兹所说的：“唯一能让我们想出改变世界的新点子的途径，就是让思维跳出所有人头脑中固有的束缚。你必须在所有人给你设定好的界限之外思考，这就是苹果创新的秘密。”

李嘉诚说：勤奋与创新是成功的基本素质。创新可能不需要天才，但创新更在于找出新的改进方法。人的可贵之处就在于创造性思维。企业家不是天生的。企业家的经历告诉我们，创业难。难就难在创新和变革这一关。谁能迈得过去，成功之门就会为谁打开。商战上每时每刻都是风云莫测的，成功的企业家离不开无限的商机，商机孕育在时代发展的变化里，只有牢牢把握住时代的脉搏，及时调整自己的投资方向，找准属于自己的发展之路，才可能永远站在时代前沿。投资离不开创新思维，让我们在无限的创新中寻找商业的智慧吧。

人弃我取，人去我予

1. 任何一种行业，如有一窝蜂的趋势，过度发展，就会造成摧残。

2. 放弃机遇的人并不知道自己放弃的是机遇，而求索机遇的人恰恰知道机遇或许就要降临。好景时，我们决不过分乐观；逆境时，我们也不过度悲观。这一直是我们集团投资的原则。在衰退期间，我们总会大量投资。我们主要的衡量标准是，从长远角度看该项资产是否有赢利潜力，而不是该项资产当时是否便宜，或者是否有人对它感兴趣。

3. 要永远相信：当所有人都冲进去的时候赶紧出来，所有人都不玩了的时候再冲进去。

善行天下

把经商当作是一门学问要追溯至殷商时代，第一个把经商当作一门大学问的白圭一直都把“人弃我取，人取我予”的信条当作经营原则，短短的八字箴言深谙商道精髓，它从做生意的另一面解说了买卖双方的变换可以带来意想不到的财富，其背后是市场供需规律和价格运行产生的财富利润。

白圭提出了一套经商致富的原则，即“治生之术”，其基本原则是“乐观时变”，主张根据丰收歉收的具体情况来实行“人弃我取，人取我予”。在当时的贸易是以货易货，而白圭的高明之处就是准确掌握行情，在别人觉得多而抛售时，他就大量地吃进，等别人缺少货物需要吃进时，他就大量抛出。这样低进高出，必能从中取利，积累财富。白圭在当时的社会中不仅懂得低买高卖的经济基本规律，而且提出了“人弃我取，人取我予”的既简单又高明的理论，这对秦汉以后各代的设市贸易、公输方式都产生了极大影响。《吕氏春秋》中有这样一句话：“民之情，贵所不足，贱所有余。”某个物品供大于求，自然会贬值；而供不应求，则会升值。这是经济学中再浅显不过的道理。吕不韦深谙此理，所以他囤积居奇、贩贱卖贵，成为赵国巨富。

古人的智慧告诉我们：跟风是投资方式的大忌，商人应用敏锐的眼光准确把握时局，进军一些有潜力的领域，与市场反其道而行之。虽说投资会有风险，但你的眼光所赋予你的收益可能就是巨大的。

1958 年的香港，李嘉诚用积累下的 100 万元港币，投资建造十二层高的工业大厦，开始问津房地产业。在大陆“文革”期间，大家担心“文革”延伸到香港，香港楼市纷纷出现抛售现象，地价接连跳水，出现房地产“抛售之风”。李嘉诚预示楼市在未来必会有回暖现象，当机采取“人弃我取”

投资策略，集中资金购入地皮和旧房，在1968年至1970年的3年时间里，先后在33个地盘上兴建高楼。至1979年，李嘉诚先生拥有的楼宇物业面积，达到1450万平方英尺，超过英资置地公司，成为在香港除了政府外的“地产大王”。

1984年12月，中英两国首脑在北京签署《联合声明》，人们对香港前途的看法出现分歧，香港股市暴跌，大公司迁册成风。李嘉诚先生坚定地看好香港前景，从1985年到1989年间，在香港酒店、公寓楼等房地产业，港口、通讯等城市基础设施上，进行大规模投资，总投资达400亿港元。

事实证明，李嘉诚的逆向投资是值得的。地产市场从20世纪70年代开始，逐渐回暖，那些当时匆匆离港的地产商也因此纷纷返港，房产价格就在这样的背景下又开始新一轮上涨。看准时机的李嘉诚当即将那些廉价收购的房产高价抛售，得到了巨额的利润。作为成功商人必备的眼光，在于在复杂幻变的商海中发现财富，因为被人放弃的不一定是没价值的，终有一天被放弃的东西会成为新财富，这只不过是时间早晚的问题。

股市是李嘉诚事业的转折点。

李嘉诚早在2005年之前就介入南航股票。根据香港联交所披露的资料，截至2005年1月，李嘉诚控股的长江实业持有南航9693.8万股H股，加上和记黄埔和李嘉诚信托基金持有的南航股份，共计1.93亿股，相当于南航16.51%的股权。李嘉诚由此成为南航第二大股东。

自2007年9月起，李嘉诚开始减持其所持有的南航股份。当年9月25日至9月27日，减持2221.6万股南航H股，套现约2.9亿港元；而到2007年的10月2日及10月4日，又总计减持了2161.6万股南航H股，套现约2.61亿港元。有机构计算，2005年南航H股最高仅为每股3港元左右，而目前李嘉诚的套现均价已超过每股12港元。因此，李嘉诚在近两年的时间里，投资南航H股的收益率粗略估计已超过300%。李嘉诚在股市大热期间，为保证资金安全，采取人取我予的策略，并建议投资者应小心谨慎。果真，在2008年年初，恒生指数从2007年末的31638点急降到25000点，使得许多投资者血本无归，资金牢牢被套紧。而李嘉诚在这场浩劫中却泰然处之，平稳度过，而且还在之前的减持中大赚一把。

人弃我取，低进高出，是精明的商人非常注意把握的一个关键点。应该说，最成功的商战都是紧跟市场而进行的智慧之战。人弃我取，低进高出，是当代商战竞争取胜的重要策略。李嘉诚的成功之路，是靠地产和股市。他发展事业的历史，是一部中小地产商借助股市杠杆急剧扩展的历史。李嘉诚在股市的作风，一如他在地产业中一样，仍坚持“人弃我取”“低进高出”的策略，以作为扩充资本的杀手锏。

李嘉诚的经商致富理论，离不开自己独到的眼光和勇气，逆向投资，反其道而行之，往往会独辟蹊径，开发出一条新路，这条路或许就是通往成功的康庄大道。

花 90% 的时间，抛开成功想失败

1. 我会不停研究每个项目在面对可能发生的坏情况下出现的问题，所以往往花 90% 考虑失败。

2. 我常常记着世上并无常胜将军，所以在风平浪静之时，好好计划未来，仔细研究可能出现的意外及解决办法。

3. 我们中国人有句做生意的话，“未买先想卖”，你还没有买进来，你就先想怎么卖出去，你应该先想失败会怎么样。因为成功的效果是 100% 或 50% 之差别根本不是太重要，但是如果一小漏洞不及早修补，可能带给企业极大损害，所以当一个项目发生亏蚀问题时，即使所涉金额不大，我也会和有关部门商量解决问题，所付出的时间和以倍数计的精神都是远远超乎比例的。

4. 未攻之前一定先要守，每一个政策的实施之前都必须做到这一点。当我着手进攻的时候，我要确信，有超过百分之一百的能力。换句话说，即使本来有一百的力量足以成事，但我要储足二百的力量才去攻，而不是随便去赌一赌。

5. 想想你在风和日丽的时候驾驶着以风推动的远洋船，在离开港口时，你要先想到万一悬挂十号风球，你怎么应付。虽然天气蛮好，但是你还是要估计，若有台风来袭，在风暴还没有离开之前，你怎么办？

善行天下

《全球商业》和《商业周刊》曾经采访时问李嘉诚成功的秘诀是什么？李嘉诚却惊奇地回答道：“我会不停研究每个项目在面对可能发生的坏情况下出现的问题，所以往往花 90% 考虑失败。”对此史玉柱曾评价说“90%的困难是你连想都没想到过的”。但李嘉诚想到了，于是李嘉诚的事业成功了。

一心只想成功，从来没有想过失败的人是可悲的。当一个人一心只想一件事的时候，一定会忽略身边很多危险。只有边奋斗，边留心身边的陷阱、危险分子，才能在危险来临之前一一化解，为成功护好航。如此，成功才可能步步靠近，所以，把可能导致失败的因素考虑得越充分，成功的概率才会越大。失败是正常的，颓废是可耻的，重复失败则是灾难性的。挫折正如成功和冒险一样，是生命中不可缺少的一部分。古往今来，又有多少伟人没经历过失败呢？他们中有的甚至耗尽了毕生精力，最终仍是失败，可是他们拼搏了，无怨无悔，他们是英雄。出师未捷身先死，长使英雄泪

满襟的诸葛亮被尊为英雄，风萧萧兮易水寒的荆轲被视为勇士。“只有不攀登的人才永远不会摔倒”，失败了，证明你一直在拼搏，只是成功暂时还未出现。失败是块磨砺石，就如同玉石只有经过磨砺后才更加光彩照人。

德鲁克说过：“如果不着眼于未来，最强有力的公司也会遇到麻烦。”确实，德鲁克的这句话与李嘉诚可谓不谋而合。

一个商人如果没有超前的忧患意识，不能居安思危，沉没于一时得以成功的自我满足中。那么90%失败就极有可能不是想象，而要成为事实了。

危机意识的核心是“企业最好的时候往往是下坡路的开始”。要求管理者要具备忧患意识，要居安思危、居盈思亏、居胜思败，其目的就是在危机到来之前，想好应对之策，做好准备，以消减风险带给我们的损失。海尔总裁张瑞敏曾说过：“没有危机感其实就有了危机；有了危机感，才能没有危机；在危机感中生存，反而避免了危机。”

站得高一点，看得远一点，做事是一个连续性的过程，不仅仅是要它的一个结果，还要看到它的延续性。因此，制定做事的目标时，注意保持战略头脑，力争站得高一些，看得远一点，不计一时得失，才能做得更好。

深圳某服装公司，在走出创业初期的经营危机之后就下决心，要在妇女流行服装市场上占据一席之地。十余年来，他们始终围绕着公司的长期发展目标选择具体的目标市场。公司建立初期，他们根据中国女装仿欧美式样的特点专门裁剪、缝制法式流行女装。20世纪末，日本妇女掀起西服热，他们便专门承包，定做女式西服。当他们注意到女式西服在大城市的市场趋于饱和时，宁肯牺牲眼前的利益，决定转变产品方向，但依然选择女装。近年来，开始制作女式流行服装和装饰品，并逐年扩大比例。这个例子说明，根据公司的长期发展目标选择目标市场，公司就能一步一个脚印地向前发展，不断巩固反败为胜的成果，继续发展最后到达胜利的彼岸。

现代企业谋求生存、发展，首先要有与时俱进的思想，随着社会的发展来及时调整对策，才能不被时代淘汰。所谓谋略，实际上就是长远的目光，比别人看得远，能够未雨绸缪，作出早期判断。谋略思维优劣的主要标准是看思维者的思维格局是否开阔，思维境界是否高远。因为谋略思维通常体现于竞争对抗的思维活动中，在相互谋算斗智的过程中，只有站得最高看得最远的人才是最后的胜利者。所以古人云：自古不谋万世者，不足谋一时；不谋全局者，不足谋一域。这也告诉我们，在做项目之前，应当评估所有可能发生的意外与后果，用实际的市场情况与自我经验逐一判断，做出选择和取舍。

一个真正成功的商人应当积极探索失败造成的原因，时刻具备忧患意识，强化战略的预见性和未来性。善于居安思危，像李嘉诚一样花90%的时间想失败。这不是为了失败而做功课，而正是为了那个梦寐以求的成功做功课。在险象环生的商海中生存，李嘉诚的企业都未曾倒下，这很大原因是李嘉诚未雨绸缪，在做事情之前充分考虑失败，避免了许多风险，让企业在商业大战中获得有利的地位。

正如李嘉诚所言："我常常讲，一个机械手表，只要其中一个齿轮有一点毛病，你这个表就会停顿。一家公司也是，一个机构只要有一个弱点，就可能失败。"在稳健中求发展，发展才有成功的保证。失掉了稳健，失掉了对失败的警觉性，那么，失败的阴影很可能就会笼罩眉头。

放长线才能钓大鱼

1. 好谋而成、分段治事、不疾而速、无为而治，若能品出这四句话的精髓，生命是可以如此的好。“好谋而成”是凡事深思熟虑，谋定而后动。“分段治事”是洞悉事物的条理，按部就班进行。“不疾而速”就是你没做这个事之前，你老早想到假如碰到这个问题时你怎么办。由于已有充足的准备，故能胸有成竹，当机会来临时自能迅速把握，一击即中。“无为而治”则要有好的制度、好的管治系统来管理。兼具以上四种因素，成功的蓝图自然展现。

2. 我们历来只做长线投资。如果出售一部分业务可以改善我们的战略地位，我们会考虑。除了考虑获取合理的利润以外，更重要的是取得利润以后，能否在相同的领域让我们的投资更上一层楼。

善行天下

不将事物停留在表面和现在，而是用长远的眼光来看待事物的发展。这正是阿瓦里德投资中的投资方略，也恰恰是我们大多数投资者所缺少的关键心态。这种心态在投资中尤为重要。正如巴菲特说的："能够在别人贪婪的时候恐惧，敢于在别人恐惧的时候变得贪婪，这便是赚钱的要诀，也是投资者有出色远见的最佳表现。"

李嘉诚给年轻商人的 98 条忠告中提到：人，第一要有志，第二要有识，第三要有恒。当中提到的"恒"字，就指的是要有一股不达目标誓不罢休的决心。李嘉诚经营项目时一向是立足未来，他不会为了取得眼前的利润而着急获利，他奉行的原则是"放长线钓大鱼"。坚持长线投资，打持久战，正是凭借这种恒心，李嘉诚才从一个人微言轻的小人物，发展成为香港地产界风向标式的超级巨富。

正如李嘉诚先生所言："他们历来只作长线投资。如果出售一部分业务可以改善我们的战略地位，我们会考虑这一步骤。除了考虑获取合理的利润以外，更重要的是在取得利润之后，能否在相同的经营领域中让我们的投资更上一层楼。"李嘉诚每一个投资方向及策略，都会让人大感意外，因为对于看上去过热的行业，李嘉诚从不会贸然跟进，他总是在仔细分析时局后，选择投资那些在未来有着巨大发展空间的行业。

1989 年，李嘉诚开始进军欧洲电讯市场。他在英国的和记电讯注资 84 亿港元收购了一家英国电讯服务公司，并于 1992 年推出名为"兔子"的 CT2 流动电话服务，然而当时业务发展却不理想，亏损程度比较大。一年之后，公司不得不结束了"兔子"的流动电话服务。但这次经历并没有影响李嘉诚继续投身新兴的电讯行业的热情。

1994 年，和黄公司以约 60 亿美元购入英国“橙”动电话公司，加上其他移动电话业务，他旗下的和黄公司建立了强大的移动通信王国。2001 年，和黄出售了在美国声流无线公司中拥有的 18.4％的股权，获利 40 亿美元。李嘉诚对电信市场的时机把控很有分寸，在电信市场开始热度膨胀的时候及时脱手，这书写了一段运作资本的成功佳话。

在取得了 2G 业务的丰硕业绩后，李嘉诚并没有就此停滞不前，他转而又开始全面铺开他的 3G 计划。当时市场曾普遍对提供高速接入和多媒体服务的 3G 网络表示忧虑，对其运营的高昂成本和未经广泛试验的通信技术持怀疑态度，因为这种服务承担会面临很大的商业风险。但李嘉诚对 3G 的未来是充满信心的，“好的时候不要看得太好，坏的时候不要看得太坏。最重要的是要有远见，杀鸡取卵的方式是短视的行为”。

时间飞速推移到 2005 年，长实以 317 亿美元的价格售出了“橙”公司的 2G 业务。李嘉诚把投资的重心和“赌注”坚定押到了 3G 项目上，并在英国、意大利、澳大利亚、奥地利、丹麦和瑞典推出了 3G 业务，全球共有超过 1000 万 2G 客户和超过 103.8 万 3G 客户。而且目前每日 3G 用户增长量超过 1 万。这牢牢确立了和黄作为全球 3G 领导者的地位。

这离不开李嘉诚的选择，离不开“放长线钓大鱼”的经营策略。

美国作家唐多曼在《事业革命》一书中说：“把眼光放长远是踏上成功之路的一条秘诀。”我们要想成大事，不能没有远见，要把目光盯在远处，也就是要确定自己人生的方向，用远大志向激发自己，并咬紧牙关、握紧拳头，顽强地朝着自己的人生目标不断追寻。没有这种品性的人，是绝对不可能成大事的，甚至连小事都做不成。

战国时期，齐国丞相孟尝君以养士出名，由于他待士诚恳，这种胸怀令一个名叫冯谖的落魄人十分赞叹，冯谖成了孟尝君的门客。一次孟尝君叫人到其封地薛邑讨债，冯谖自告奋勇，冯谖临走前，他问孟尝君：“债收完了，买些什么回来呢？”孟尝君说：“你看家里缺什么就买什么。”不料，冯谖见当地的百姓生活十分困苦，根本无钱财还债，冯谖便当即假托孟尝君的指令把百姓所欠的票据用火燃尽了，把当地的百姓感动得发自肺腑流着泪说：“我们永远不会忘记孟尝君的恩德赏赐！”

孟尝君对冯谖的做法很不满意。随着局势的发展，孟尝君的声望、势力越来越大，连齐闵王都有点惧怕孟尝君，不敢用他了，孟尝君终因齐王怀疑而被罢官回乡，百姓为感恩孟尝君之德，无不扶老携幼在百里路上争着迎接。原本不高兴的孟尝君，这才尝到买“义”的甜头。要是没有冯谖为他买“义”，此时不是人见人恨，躲他像躲瘟疫吗？冯谖买“义”之举，正是通过舍小得大，放弃眼前小利，为百姓解脱困苦，从而换来长远利益——百姓拥戴孟尝君，为孟尝君积累了人望，真是深得了儒家谋略思想之精髓。

在当今这个充满竞争的社会里，只有具有长远的眼光，才能在社会上立于不败之地；只有眼光长远的人，才不会被眼前的利益所迷惑，才能窥探出眼前利益背后的真正秘密，所以他才能比别人更快一步取得成功；只有具有长远的眼光，才能使自己获得更进一步的发展，让自己在人生中顽强生存，成就自己的不败神话。因此，只有放了手中的“长线”，你才有收获“大鱼”的可能。

不与业务谈恋爱

1. 不要与业务谈恋爱，也就是不要沉迷于任何一项业务。

2. 我对自己有个约束，并非所有赚钱的生意都做。有些生意，给多少钱让我赚，我都不赚；有些生意，已经知道是对人有害，就算社会容许做，我都不做，因为这是我一向做人的原则。

3. 很多人认为赌场是一种娱乐事业，每年能挣很多钱。巴哈马政府鼓励发展旅游，我们在那里盖了3个酒店。总理跟我说，可以马上给我赌场的执照。但是，我要求他们将一个原则立即写在会议记录里……我们自己绝对不能经营赌场。旁边的人说，这是总理给我们的，我说告诉总理，这个牌照我交回给他。我们盖的是酒店，租给的人要开赌场不关我的事，我只按市场价值拿我固定的租金。

4. 不过分沉迷于一项投资是我最好的心理优势。

5. 在一个真正的商业人士眼中，应该是只有赢利的业务，而没有永远的业务。任何一项业务，当它走过自己的成熟阶段之后，必将走向衰落，而这个时候如果不进行自我调整，还抱着不放，必将随着该项业务的衰落而走向失败。

善行天下

“不要与业务谈恋爱”，也就是不要沉迷于任何一项业务。这是一种有着丰富商业经历之后超然于商界的一种成功真经，一种内心感悟。对于李嘉诚来说，在他的眼中，只有赢利的业务，而没有永远的业务。任何一项业务，当它走过自己的成熟阶段之后，必将进入衰退期，开始走向衰落，而这个时候假若不进行自我调整，还抱着不放，不忍放弃，必将随着该项业务的衰落而走向失败。

有的时候需要你进行必要的取舍。

李嘉诚也曾坦言，大丈夫，拿得起，放得下。拿得起或许很多人都可以做到，但真正到了要放下的时候，大部分人或许都不舍得了。没有永远的业务，只有赢利的业务，在该放弃的时候，就应该学会放弃，利用进行前一个业务所积蓄的力量，可以很轻松地展开下一个业务，业务不断转移更换，但赢利的中心却不能改变。

人生就是选择，“鱼与熊掌不可兼得”，而放弃正是一门选择的艺术，是人生的必修课。没有果敢的放弃，就没有辉煌的选择。选择是成功者前进路上的航标，只有量力而行的选择，才会拥有更伟大的成功。与其苦苦挣扎，拼得头破血流，不如潇洒地挥手，勇敢地选择放弃。

歌德说：“生命的全部奥秘就在于为了生存而放弃生存。”放弃是一种智慧。“明者远见于未萌，智者避危于未形。”放弃不是失败者的代名词，也不是优柔寡断，更不是偃旗息鼓，而是一种拾阶而上的从容、闲庭信步的淡然。我们常讲舍得，有舍才有得。就像树木舍弃了美妙芬芳的花朵，才会结出累累的硕果一样，人生舍不得放弃，又怎么会有收获呢？

20 世纪 60 年代中后期，正值塑胶花畅销于全球，火爆异常的背景下，李嘉诚却敏锐地意识到：好日子很快会过去。由于塑胶行业高利润的吸引，愈来愈多的人拥入塑胶行业，这就势必导致激烈的竞争。于是，他开始寻找下一个机会了。可知道，在李嘉诚进军塑胶花市场的短短七年间，他已赚得数千万港元的利润；而其旗下的“长江”实业更成为世界上最大塑胶花生产基地，李嘉诚也得了“塑胶花大王”的美誉。李嘉诚毅然放弃了继续投资塑胶花业，经过反复考虑后，决定投入房地产业。转产后的李嘉诚在地产业大做文章，短短几年内便陆续收购了上百万平方米的地皮和旧楼。不久，香港地价房价暴涨，李嘉诚由原来的千万富翁一跃跨入了亿万富翁的行列，成为香港地产业的大亨。

透过李嘉诚经商的门道，不难发现他深悟审时度势、以变制胜是经营管理的一条致胜法宝。做生意时，不要被一项业务套牢，不管这个业务的前景多么诱人，也不要把自己身家的全部赌注都押在同一个业务上。分散业务类型，同时从事多个不同类型的投资方案，当其中的某一个项目失败的时候，还有别的项目可以支撑，从而制造得以喘息的机会。

该放弃的时候放弃，是一个人精神内涵的自然流露，也是一种人生智慧，面对纷繁复杂的人生，应做到知其可为而为之，知其不可而弃之。因为我们永远都不可能成为无所不能的人，所以放弃是必须要学会的一件事情。不懂得放弃是贪心的表现，因为你什么都想拥有，这个也舍不得，那个也放不下，这样的人，到最后往往什么都得不到。

先贤教我们读书要“一门深入”“贪多嚼不烂”，人生也是一样的道理，你的生命之船能承载的东西就那么多，如果你偏要贪多拼命往上加东西，船就会驶不动。电影《卧虎藏龙》里有一句很经典的话："当你紧握双手，里面什么也没有；当你打开双手，世界就在你手中。懂得放弃，才能在有限的生命里活得充实、饱满、旺盛。"

人生就是不断选择的过程，生命的每一个阶段都有很多的十字路口，直行、左转、右转还是倒退，你都要迈出选择的脚步。犹太先知曾说过：人生最大的痛苦，在于执着不适合的东西。放弃是智者面对生活的明智取舍，只有懂得何时放弃的人，才会收获成功的喜悦。

放弃是一种自守，就是以宁静的心态面对纷呈的生活，以平常的心态对待不平常的事情，以安静的心态对待嘈杂的外界，以平和的心境处理世态的炎凉。"无欲自然心如水，有营何止事如毛"，在欲壑难填、混沌纷扰的世界，保持一份清心寡欲的高洁。错过了花，你将收获果实；错过了太阳，你会看到璀璨的星光。追求与放弃都是正常的生活态度，有所追求就应有所放弃。有价值的人生，需要开拓进取、成就事业，但更要懂得正确和必要的放弃，这不是无奈，而是一种智慧。

马云曾说，"我觉得变化是必然的，互联网最大的特征是变化，阿里巴巴就处在不断的变化之中"。的确，"拥抱变化"是阿里巴巴的所谓"六脉神剑"之一。马云对此的解释是，突破自我，迎接变化，把变化当作日常生活。在商业世界内，我们经常会发现很多商人都是在取得了某一项业务上的成功之后，就倍加醉心于这项事业，不再关注周围的新商机，新形式，并把它当作自己成功的一项金字招牌。殊不知倘若一个人总是沉醉过去的成绩，眼前的利益，自己愚蠢的想法往往会变为前进的绊脚石。

成功的商人都把"商者无域"当作自己的生意经，每个行业都有商机，都有盈利的机会。对商业来说，不能抱着某一个项目不放，当然，最重要的是在用心经营本行业的同时，要注重思路从眼前的行业跳出来，留心周边的新动态，新商机，在具体经营项目上跟随市场行情变化，才可能会处于立于不败的境界。

矜于细行

1. 十年树木百年成林，做大品牌，就要关注细节，要有耐心，唯其如此，才能成就你所能想象的事业。

2. 成功的秘诀不在于大的战略决策，而在于做好细致工作的韧劲。

3. 按照我的个人经验，当你每决定一件大事的时候，你一定要去看看你的业务在今天或者在未来的前景怎么样，你的竞争对手会怎么样，这是宏观层面。然后到了决定实施的时候，每天你要做的事就一定要非常微观，就是非常仔细地看看你做的事有什么问题、有哪些漏洞、世界又发生了什么新变化。如果竞争对手接近了你一点点，又向前迈进了一点点，那你就要微调一下，这就是微观层面。“价廉物美、物超所值”，就是说你无论做什么事、出什么样的产品，你的东西都要做到最好、最超值，同时你的成本也要非常低，这样的话你才会成功。

善行天下

老子说："天下难事，必做于易；天下大事，必做于细。"我们都听过"马蹄铁"的故事：马蹄铁上的一颗钉子，微乎其微，它与一场战争的胜败之间差了十万八千里。但就是因为差了这一颗钉子，使一匹马的马蹄铁松动，之后使一匹战马摔倒，战马摔倒就可能使一位将军丧命，将军丧命就会导致一场战争失败，战争失败就可能亡了一个帝国。"失之毫厘，差之千里"，说的是在细节上的一丁点差错，可能导致巨大的灾难。

2000 年 7 月 25 日，法国航空公司一架协和式客机从戴高乐机场起飞时，因发动机吸入异物引起轮胎爆炸而起火坠毁。事故发生后，专家作了细致调查。其结果出人意料：美国大陆航空公司所属的一架 DC-10 飞机丢失在机场滑行跑道上的一块金属小薄片，就是导致协和式客机起火坠毁、106 人罹难的"元凶"。

就因为一块小金属薄片，造成了这样惨烈的事故，真是令人痛心。

1970 年美国进行导弹发射试验，由于操作人员对弹体上的一个螺母少拧了半圈，结果导致系统失灵发射失败；1980 年，"阿丽亚娜"火箭试射，操作人员不慎将火箭上的一个商标碰落，正好堵住了燃烧室喷嘴，结果耗费巨资的发射毁于一旦；1990 年 2 月，"阿丽亚娜"火箭再次爆炸，就是工作人员离开发射架时将一块小小的擦拭布遗留在发动机内的小循环系统中，造成管道阻塞所致……

自古以来，所有的成功人士都是从细节开始做起的。海尔总裁张瑞敏说："把每一件简单的事做好就是不简单，把每一件平凡的事做好就是不平凡。"

美国资深分析师保罗·诺格罗斯在一篇文章中写道："近乎变态地注

重细节才是乔布斯的成功秘诀。”细节决定成败。为了重新设计 OSX 系统的界面，乔布斯几乎把鼻子都贴在电脑屏幕上，对每一个像素进行比对，他说：“要把图标做到让我想用舌头去舔一下。”他是苹果产品的最终仲裁者，然而我们却看到，他关心的是与产品有关的细节及其带给用户的体验。乔布斯用完美的产品告诉我们：细节决定了创新。

企业管理也需要从细节开始做起。企业的成功与否，固然有战略决策方面的原因，但更在于决策后面的小事情是否做得足够好，是否能把这些决策真正细化、推行下去。如果领导层制定了一套科学的管理体系，下面的员工并不认真按决策执行，只做些表面工作，那这个决策就只是一个空架子，完全没有用。

在中国企业中，想做大事的人很多，但愿意从小事做起的人很少；不缺少雄韬伟略的战略家，缺少的是精益求精的执行者；不缺少规章制度的约束，缺少的是对规章制度不折不扣的执行。把细节做好，并不是一句标语，也不是一句口号，重要的是要从内心里感受到细节的重要性。

古人云：“不积小流无以成江海，不积跬步无以至千里。”说的就是要想成就大事必须从小事做起的道理。在工作中关注小事，反映的是一种忠于职守、尽职尽责、认真负责、一丝不苟、善始善终的职业道德和精神修养，其中也糅合了使命感和道德责任感。把每一件小事、每一个细节做到完美，这样，我们才有机会在工作中铸就自己的辉煌。

成就任何伟大的事业，都需要聚沙成塔，离不开细节的积累。注重细节，久而久之，形成习惯，一定会给你带来巨大的收益。

正如托尔斯泰所说：“一个人的价值不是以数量而是以他的深度来衡量的，成功者的共同特点就是能做小事情，能够抓住生活中的一些细节。”李嘉诚也曾经说过：“成功的秘诀不在于大的战略决策，而在于做好细致工作的韧劲。”在李嘉诚的奋斗历程中，如果没有在茶楼跑堂的经历，也许他学不会察言观色；如果没有推销员的工作经历，也许他也没有后来的成就。正是这些小事和细节，成就了李嘉诚的一辈子。

潘石屹曾回忆李嘉诚宴客时的细节说：李先生事先已经通过秘书仔细了解了客人的详细资料，并在宴请前等在电梯口迎接客人，每桌都会留有李先生的位子，宴会开始做简短发言后，李先生会在每桌轮流坐上约十分钟，向到场的每位客人致意、问好，并面带微笑倾听每位客人的自我介绍，每人都能感觉到自己是李先生今天宴请的重要客人，让人心暖。“泰山不拒细壤，故能成其高；江海不择细流，故能就其深。”他更评价道：注意细节使李先生成就了事业，但这更是李先生财富王国之外的个人魅力，是独具的领袖魅力。

认真做事只是把事情做对，用心做事才能把事情做好。在这个细节制胜的时代，任何一个事件都是做出来而不是喊出来的，特别是在工作岗位上的员工更要把小事做细。一个没有预料的事件可能引起故障，一个常被忽视的问题可能导致一次危机，每一个大问题里都有一系列的小问题露面。如果你热爱工作，你每天就会尽自己所能求完美，而不久你周围的每一个人也会从你这里感受到这种热情，大家都能从每一个小问题中感受着不一样的乐趣！这是每一个领导都应该具备的智慧。